# ThinkPHP 实战

夏磊 著

清华大学出版社
北京

## 内 容 简 介

PHP 是一种通用开源脚本语言，开源、跨平台、易于使用，主要适用于 Web 开发领域。MVC 模式使得 PHP 在大型 Web 项目开发中耦合性低、重用性高、可维护性高、有利于软件工程化管理。本书以实用性为目标，系统地介绍了 ThinkPHP 框架的相关技术及其在 Web 开发中的应用。

全书共 14 章，每一章都是相对独立的知识点的集合。内容涵盖了 ThinkPHP 常用功能模块和实用技巧、MySQL 数据库的设计与应用、完整的 Web 项目开发流程等目前 PHP 开发中最主流的技术，每一章都有大量的示例以及详尽的注释，便于读者的理解和掌握。最后通过 4 个完整的项目详细介绍了 Web 应用从设计到运行的各个环节，便于读者更好地实践。

对于拥有 PHP 基础而不知道下一步该做什么的读者而言，本书不失为一本好的入门教材，本书所有的实例都可以在 Web 开发中直接使用，使读者能够加快 Web 应用开发的进程。此外，本书也适合对于网络开发有兴趣的读者，以及大中专院校和培训机构的师生阅读与参考。

本书封面贴有清华大学出版社防伪标签，无标签者不得销售。
版权所有，侵权必究。侵权举报电话：010-62782989 13701121933

**图书在版编目（CIP）数据**

ThinkPHP 实战 / 夏磊著. — 北京：清华大学出版社，2017（2017.10 重印）
ISBN 978-7-302-46652-9

Ⅰ. ①T… Ⅱ. ①夏… Ⅲ. ①PHP 语言－程序设计 Ⅳ. ①TP312.8

中国版本图书馆 CIP 数据核字（2017）第 035995 号

责任编辑：夏毓彦
封面设计：王　翔
责任校对：闫秀华
责任印制：刘海龙

出版发行：清华大学出版社
网　　址：http://www.tup.com.cn，http://www.wqbook.com
地　　址：北京清华大学学研大厦 A 座
邮　　编：100084
社 总 机：010-62770175
邮　　购：010-62786544
投稿与读者服务：010-62776969，c-service@tup.tsinghua.edu.cn
质 量 反 馈：010-62772015，zhiliang@tup.tsinghua.edu.cn

印 装 者：保定市中画美凯印刷有限公司
经　　销：全国新华书店
开　　本：190mm×260mm　　印　张：14.5　　字　数：371 千字
版　　次：2017 年 4 月第 1 版　　印　次：2017 年 10 月第 3 次印刷
印　　数：5001～7000
定　　价：49.00 元

产品编号：068677-01

# 前　言

　　PHP 是一种免费而且开源的开发语言，开源、跨平台、易于使用、学习门槛低的优点已经成为当前 Web 开发中的最佳编程语言。ThinkPHP 作为快速、简单的面向对象的轻量级 PHP 开发框架，已经成长为国内最领先和最具影响力的 Web 应用开发框架，众多的典型案例确保可以稳定用于商业以及门户级的开发。

　　本书包括 14 个章节，作为学习 ThinkPHP 的 6 个阶段，从 ThinkPHP 入门到可以独立完成一个标准化的 Web 项目为止，所有内容都是当前 Web 开发中常用而且重要的内容，全书基于模块化的思想设计编写，可以帮助读者深刻理解 ThinkPHP 框架。本书全部知识点都以最新的 ThinkPHP3.2.3 版本为主，详细介绍了 ThinkPHP 极其相关的 Web 技术，可以帮助读者熟悉并掌握实用的 ThinkPHP 技术，其中包括当前比较流行的模版化网页布局、路由、缓存、多语言等主流技术，实用性非常强。本书所涉及的示例全部在服务器上运行通过，读者在学习和工作中，可以直接使用本书给出的一些示例。

　　本书编写的宗旨是让读者能够拥有一本 ThinkPHP 方面的学习和开发使用的书籍，本书力求对所涉及的知识点讲解到位，让读者可以轻松理解并掌握。对于几乎每个知识点都有可运行的代码配套，所有代码都有详尽的注释及说明。在大部分章节的最后都会结合一个实际用例，对该章知识进行归纳总结，能够帮助读者更好地掌握理论知识点，提高实际编程能力。

　　本书所有开发实例的源代码托管在 github 上：
https://github.com/xialeistudio/thinkphp-inaction
　　读者可以在开发中直接使用。对于本书有任何疑问，读者可以在 github 上面提问，笔者尽力及时回答读者提问，帮助读者提高编程能力，解决读者在开发中遇到的难题。

## 本书程序开发环境

- 操作系统：Windows 10 企业版 64 位操作系统
- Web 服务器：Apache 2.4.17
- 开发语言：PHP 5.5.30
- 数据库：MariaDB[1]10.1.8[1]（读者可以用 MySQL5.6、MySQL5.7 替代）
- 集成环境：PHPStorm 10.0.3

---

1. MariaDB 数据库管理系统是 MySQL 的一个分支,主要由开源社区在维护,采用 GPL 授权许可 MariaDB 的目的是完全兼容 MySQL，包括 API 和命令行，使之能轻松成为 MySQL 的代替品。

- ThinkPHP：ThinkPHP 3.2.3 完整版
- 浏览器：Chrome 49.0.2618.8

## 本书适合读者

- 使用 PHP+MySQL 的 Web 网站开发人员
- ThinkPHP MVC 架构初学者
- 高等院校以及培训学校相关专业的师生
- 掌握 PHP 基础想深入学习的人员

本书由夏磊主笔编著。感谢清华大学出版社编辑夏毓彦及其他工作人员，他们的辛勤工作促成了本书的出版。

著者
2017 年 2 月

# 目 录

## 第1章 ThinkPHP 入门 ............................................................................................ 1
### 1.1 MVC 模式概述 ............................................................................................ 1
### 1.2 ThinkPHP 是什么 ........................................................................................ 2
### 1.3 搭建 PHP 开发环境 .................................................................................... 2
#### 1.3.1 获取 UPUPW .................................................................................... 2
#### 1.3.2 安装 UPUPW .................................................................................... 3
#### 1.3.3 目录结构说明 .................................................................................... 4
#### 1.3.4 添加虚拟主机 .................................................................................... 4
#### 1.3.5 安装集成开发环境 PHPStorm ........................................................ 6
### 1.4 第一个 ThinkPHP 程序 .............................................................................. 7
### 1.5 应用结构说明 .............................................................................................. 8
#### 1.5.1 目录说明 ............................................................................................ 8
#### 1.5.2 入口文件 ............................................................................................ 8
#### 1.5.3 自动生成 ............................................................................................ 9
#### 1.5.4 模块 .................................................................................................... 9
#### 1.5.5 控制器 ................................................................................................ 9
### 1.6 术语解释 ...................................................................................................... 10
### 1.7 小结 .............................................................................................................. 11

## 第2章 配 置 .............................................................................................................. 12
### 2.1 配置类型 ...................................................................................................... 13
#### 2.1.1 默认配置 ............................................................................................ 13
#### 2.1.2 公共配置 ............................................................................................ 13
#### 2.1.3 模式配置 ............................................................................................ 13
#### 2.1.4 调试配置 ............................................................................................ 14

            2.1.5　场景配置 .................................................................................................. 14
            2.1.6　模块配置 .................................................................................................. 14
            2.1.7　扩展配置 .................................................................................................. 14
            2.1.8　动态配置 .................................................................................................. 15
    2.2　配置操作 ............................................................................................................... 15
            2.2.1　C 函数 ....................................................................................................... 16
            2.2.2　读取配置 .................................................................................................. 17
            2.2.3　加载扩展配置 .......................................................................................... 19
            2.2.4　写入配置 .................................................................................................. 20
    2.3　小结 ....................................................................................................................... 23

# 第 3 章　路　由 ........................................................................................................................ 24

    3.1　URL 的三种模式 ................................................................................................... 24
            3.1.1　动态 URL .................................................................................................. 24
            3.1.2　静态 URL .................................................................................................. 25
            3.1.3　伪静态 URL .............................................................................................. 25
    3.2　ThinkPHP 的路由 .................................................................................................. 25
            3.2.1　路由模式 .................................................................................................. 25
            3.2.2　路由配置 .................................................................................................. 29
    3.3　小结 ....................................................................................................................... 34

# 第 4 章　控制器 ........................................................................................................................ 35

    4.1　控制器的定义 ....................................................................................................... 35
    4.2　前置操作和后置操作 ........................................................................................... 37
    4.3　动作参数绑定 ....................................................................................................... 38
    4.4　伪静态 ................................................................................................................... 40
    4.5　URL 大小写 ........................................................................................................... 40
    4.6　URL 生成 ............................................................................................................... 41
            4.6.1　地址表达式 .............................................................................................. 41
            4.6.2　参数 .......................................................................................................... 41
            4.6.3　伪静态后缀 .............................................................................................. 41
            4.6.4　URL 模式处理 .......................................................................................... 41
            4.6.5　生成路由地址 .......................................................................................... 42
    4.7　Ajax 返回 ............................................................................................................... 42

| | 4.8 | 重定向和页面跳转 | 43 |
|---|---|---|---|
| | | 4.8.1　重定向 | 43 |
| | | 4.8.2　页面跳转 | 44 |
| | 4.9 | HTTP 请求方法 | 46 |
| | 4.10 | 读取输入 | 48 |
| | 4.11 | 空操作 | 50 |
| | 4.12 | 空控制器 | 51 |
| | 4.13 | 小结 | 52 |

## 第 5 章　模　型 ..... 53

| | 5.1 | 准备工作 | 53 |
|---|---|---|---|
| | 5.2 | 模型定义 | 54 |
| | 5.3 | 模型实例化 | 54 |
| | | 5.3.1　new 实例化 | 54 |
| | | 5.3.2　M 函数实例化 | 55 |
| | | 5.3.3　D 函数实例化 | 55 |
| | | 5.3.4　空模型实例化 | 55 |
| | 5.4 | 连贯操作 | 55 |
| | | 5.4.1　where | 56 |
| | | 5.4.2　table | 57 |
| | | 5.4.3　alias | 57 |
| | | 5.4.4　data | 58 |
| | | 5.4.5　field | 58 |
| | | 5.4.6　order | 59 |
| | | 5.4.7　limit | 60 |
| | | 5.4.8　page | 61 |
| | | 5.4.9　group | 61 |
| | | 5.4.10　having | 61 |
| | | 5.4.11　join | 61 |
| | | 5.4.12　union | 62 |
| | | 5.4.13　distinct | 62 |
| | | 5.4.14　lock | 62 |
| | | 5.4.15　cache | 63 |
| | | 5.4.16　fetchSql | 63 |

|       |        | 5.4.17 | strict ............................................................................................... | 64 |
|-------|--------|--------|-----|----|

- 5.4.18 index .............................................................................................. 64
- 5.5 CURD 操作 .................................................................................................... 64
  - 5.5.1 创建数据 ........................................................................................... 64
  - 5.5.2 插入数据 ........................................................................................... 65
  - 5.5.3 读取数据 ........................................................................................... 65
  - 5.5.4 更新数据 ........................................................................................... 66
  - 5.5.5 删除数据 ........................................................................................... 67
- 5.6 查询语言 ........................................................................................................ 68
  - 5.6.1 查询方式 ........................................................................................... 68
  - 5.6.2 表达式查询 ....................................................................................... 68
  - 5.6.3 快捷查询 ........................................................................................... 70
  - 5.6.4 区间查询 ........................................................................................... 71
  - 5.6.5 统计查询 ........................................................................................... 71
- 5.7 自动验证 ........................................................................................................ 72
- 5.8 自动完成 ........................................................................................................ 78
- 5.9 视图模型 ........................................................................................................ 82
- 5.10 关联模型 ...................................................................................................... 85
  - 5.10.1 HAS_ONE ...................................................................................... 85
  - 5.10.2 BELONGS_TO ............................................................................... 88
  - 5.10.3 HAS_MANY .................................................................................. 89
  - 5.10.4 MANY_TO_MANY ....................................................................... 90
- 5.11 小结 .............................................................................................................. 91

## 第 6 章 视 图 ........................................................................................................ 92

- 6.1 模板定义 ........................................................................................................ 92
- 6.2 模板主题 ........................................................................................................ 92
- 6.3 模板赋值 ........................................................................................................ 93
- 6.4 模板渲染 ........................................................................................................ 93
- 6.5 总结 ................................................................................................................ 94

## 第 7 章 模 板 ........................................................................................................ 95

- 7.1 变量输出 ........................................................................................................ 95
  - 7.1.1 输出形式 ........................................................................................... 95

## 目 录

- 7.1.2 测试 .................................................. 96
- 7.2 系统变量 .................................................. 98
  - 7.2.1 语法形式 ............................................. 98
  - 7.2.2 配置输出 ............................................. 98
  - 7.2.3 测试 ................................................. 98
- 7.3 函数 ...................................................... 100
  - 7.3.1 函数类型 ............................................. 100
  - 7.3.2 测试 ................................................. 100
- 7.4 变量默认值 ................................................ 101
  - 7.4.1 语法形式 ............................................. 101
  - 7.4.2 测试 ................................................. 102
- 7.5 算术运算符 ................................................ 103
  - 7.5.1 语法形式 ............................................. 103
  - 7.5.2 测试 ................................................. 103
- 7.6 模板继承 .................................................. 105
  - 7.6.1 语法形式 ............................................. 105
  - 7.6.2 测试 ................................................. 106
- 7.7 视图包含 .................................................. 107
  - 7.7.1 语法形式 ............................................. 107
  - 7.7.2 模板表达式 ........................................... 107
  - 7.7.3 模板文件 ............................................. 107
  - 7.7.4 测试 ................................................. 107
- 7.8 内置标签 .................................................. 108
  - 7.8.1 volist 标签 .......................................... 109
  - 7.8.2 foreach 标签 ......................................... 110
  - 7.8.3 for 标签 ............................................. 110
  - 7.8.4 switch 标签 .......................................... 111
  - 7.8.5 比较标签 ............................................. 111
  - 7.8.6 empty 标签 ........................................... 114
  - 7.8.7 defined 标签 ......................................... 114
  - 7.8.8 标签嵌套 ............................................. 114
  - 7.8.9 import 标签 .......................................... 115
  - 7.8.10 使用原生 PHP ........................................ 115
  - 7.8.11 不解析输出 .......................................... 115

- 7.9 模板布局 ............................................................................................ 116
- 7.10 模板常量替换 .................................................................................... 116
- 7.11 模板注释 .......................................................................................... 117
- 7.12 测试 ................................................................................................ 118
- 7.13 总结 ................................................................................................ 126

## 第 8 章 调 试 ............................................................................................ 127

- 8.1 调试模式 ............................................................................................ 127
- 8.2 异常处理 ............................................................................................ 127
- 8.3 日志 .................................................................................................. 128
  - 8.3.1 日志级别 .................................................................................... 129
  - 8.3.2 记录方式 .................................................................................... 129
  - 8.3.3 写入日志 .................................................................................... 129
- 8.4 变量输出 ............................................................................................ 130
- 8.5 执行统计 ............................................................................................ 130
- 8.6 SQL 输出 ........................................................................................... 131
- 8.7 测试 .................................................................................................. 131
  - 8.7.1 异常测试 .................................................................................... 131
  - 8.7.2 日志测试 .................................................................................... 132
  - 8.7.3 变量输出测试 ............................................................................. 133
  - 8.7.4 执行统计测试 ............................................................................. 133
  - 8.7.5 SQL 输出测试 ............................................................................. 134
- 8.8 总结 .................................................................................................. 135

## 第 9 章 缓 存 ............................................................................................ 136

- 9.1 数据缓存 ............................................................................................ 136
  - 9.1.1 写入缓存 .................................................................................... 136
  - 9.1.2 读取缓存 .................................................................................... 136
  - 9.1.3 删除缓存 .................................................................................... 137
- 9.2 页面缓存 ............................................................................................ 137
- 9.3 数据库查询缓存 ................................................................................... 138
- 9.4 总结 .................................................................................................. 139

## 第 10 章 专　题 .................................................................................................... 140

### 10.1　session 操作 ............................................................................................ 140
#### 10.1.1　session 写入 .................................................................................. 140
#### 10.1.2　session 读取 .................................................................................. 140
#### 10.1.3　session 删除 .................................................................................. 140

### 10.2　cookie 操作 ............................................................................................. 141
#### 10.2.1　cookie 写入 ................................................................................... 141
#### 10.2.2　cookie 读取 ................................................................................... 141
#### 10.2.3　读取所有 cookie .......................................................................... 141
#### 10.2.4　cookie 删除 ................................................................................... 141

### 10.3　分页 .......................................................................................................... 141
#### 10.3.1　分页语法 ....................................................................................... 141
#### 10.3.2　测试 ............................................................................................... 142

### 10.4　文件上传 .................................................................................................. 145
### 10.5　验证码 ...................................................................................................... 146
### 10.6　图像处理 .................................................................................................. 149
#### 10.6.1　实例化 Image ............................................................................... 149
#### 10.6.2　获取图片基本信息 ...................................................................... 149
#### 10.6.3　图像裁剪 ....................................................................................... 150
#### 10.6.4　图像缩略图 ................................................................................... 151
#### 10.6.5　水印 ............................................................................................... 152

### 10.7　总结 .......................................................................................................... 153

## 第 11 章 留言板项目实战 .................................................................................. 154

### 11.1　项目目的 .................................................................................................. 154
### 11.2　项目需求 .................................................................................................. 154
### 11.3　数据表设计 .............................................................................................. 154
### 11.4　模块设计 .................................................................................................. 155
### 11.5　编码实现 .................................................................................................. 155
#### 11.5.1　编写模型 ....................................................................................... 155
#### 11.5.2　编写留言控制器 .......................................................................... 156
#### 11.5.3　编写用户控制器 .......................................................................... 159
#### 11.5.4　编写留言列表 .............................................................................. 162
#### 11.5.5　编写留言发表页面 ...................................................................... 163

IX

11.5.6 编写用户登录界面 ............................................................................................... 163
11.5.7 编写用户注册页面 ............................................................................................... 164
11.6 运行效果 .................................................................................................................... 165
11.6.1 留言界面 ............................................................................................................... 165
11.6.2 用户登录 ............................................................................................................... 166
11.6.3 登录后留言列表 ................................................................................................... 166
11.6.4 发表留言 ............................................................................................................... 166
11.6.5 留言成功 ............................................................................................................... 166
11.6.6 注册页面 ............................................................................................................... 167
11.7 项目总结 .................................................................................................................... 167

## 第 12 章 博客系统项目实战 .............................................................................................. 168
12.1 项目目的 .................................................................................................................... 168
12.2 需求分析 .................................................................................................................... 168
12.3 功能设计 .................................................................................................................... 168
12.4 数据库设计 ................................................................................................................ 169
12.5 数据库字典 ................................................................................................................ 169
12.6 模块设计 .................................................................................................................... 171
12.6.1 Admin 模块 .......................................................................................................... 171
12.6.2 Common 模块 ...................................................................................................... 175
12.6.3 Home 模块 ........................................................................................................... 177
12.7 项目总结 .................................................................................................................... 182

## 第 13 章 论坛系统项目实战 .............................................................................................. 183
13.1 项目目的 .................................................................................................................... 183
13.2 功能设计 .................................................................................................................... 183
13.3 数据库设计 ................................................................................................................ 183
13.4 数据库字典 ................................................................................................................ 184
13.5 模块设计 .................................................................................................................... 186
13.5.1 Common 模块 ...................................................................................................... 186
13.5.2 Admin 模块 .......................................................................................................... 190
13.5.3 Home 模块 ........................................................................................................... 192
13.6 项目总结 .................................................................................................................... 193

## 第14章 微信公众号开发 ... 195

### 14.1 项目目的 ... 195
### 14.2 功能设计 ... 195
### 14.3 开通测试公众号 ... 196
### 14.4 下载开发类库 ... 197
### 14.5 开始会话开发 ... 197
#### 14.5.1 注册流程 ... 199
#### 14.5.2 登录流程 ... 200
#### 14.5.3 查看个人资料流程 ... 200
#### 14.5.4 上传头像流程 ... 200
#### 14.5.5 退出登录流程 ... 200
#### 14.5.6 全局回复处理 ... 201
#### 14.5.7 示例代码 ... 201
#### 14.5.8 测试 ... 212
### 14.6 自定义菜单开发 ... 213
#### 14.6.1 获取 AccessToken ... 213
#### 14.6.2 创建自定义菜单 ... 214
#### 14.6.3 响应自定义菜单 ... 216
### 14.7 项目总结 ... 216

## 结　语 ... 217

# 第 1 章
# ◀ ThinkPHP入门 ▶

## 1.1 MVC 模式概述

MVC 全名是 Model View Controller,是模型(model)－视图(view)－控制器(controller)的缩写,一种软件设计典范,用一种业务逻辑、数据、界面显示分离的方法组织代码,将业务逻辑聚集到一个部件里面,在改进和个性化定制界面及用户交互的同时,不需要重新编写业务逻辑。MVC 被独特地发展起来用于映射传统的输入、处理和输出功能在一个逻辑的图形化用户界面的结构中。

MVC 模式是一种使用 MVC(Model View Controller,模型-视图-控制器)设计创建 Web 应用程序的模式:

- Model(模型):应用程序数据定义(例如数据表字段)。
- View(视图):显示数据(例如显示用户列表)。
- Controller(控制器):处理输入(例如添加一个用户)。

Model(模型)是应用程序中用于处理应用程序数据逻辑的部分。通常模型对象负责在数据库中存取数据。

View(视图)是应用程序中处理数据显示的部分。通常视图是依据模型数据创建的。

Controller(控制器)是应用程序中处理用户交互的部分。通常控制器负责从视图读取数据,控制用户输入,并向模型发送数据。

MVC 分层有助于管理复杂的应用程序,因为可以在一个时间内专门关注一个方面。例如,可以在不依赖业务逻辑的情况下专注于视图设计,同时也让应用程序的测试更加容易。

MVC 分层同时也简化了分组开发。不同的开发人员可同时开发视图、控制器逻辑和业务逻辑。

## 1.2 ThinkPHP 是什么

ThinkPHP 是一个免费开源的、快速的、简单的、面向对象的轻量级 PHP 开发框架，它创建于 2006 年初，遵循 Apache2 开源协议发布，是为了加快 Web 应用开发和简化企业应用开发而诞生的。ThinkPHP 从诞生以来一直秉承简洁实用的设计原则，在保持出色的性能和至简的代码的同时，也注重易用性。同时，ThinkPHP 拥有众多的原创功能和特性，在社区团队的积极参与下，在易用性、扩展性和其他性能方面不断优化和改进，已经成长为国内最领先和最具影响力的 Web 应用开发框架，众多的典型案例确保可以稳定用于商业以及门户级的开发。

## 1.3 搭建 PHP 开发环境

"工欲善其事，必先利其器"，在学习 PHP 脚本编程语言之前，必须先搭建并熟悉 PHP 运行环境，但是有一些初学者总是在安装环境上浪费大量时间。或许是因为过于追求完美，想安装一个完全由自己掌握的开发环境；而有的则是因为刚开始学习，被网上一些文章所误导，在 Linux 下使用源代码编译安装 LAMP 环境，笔者觉得这些事情可以说是"本末倒置"了，就算是笔者本人，要在 Linux 下编译安装 LAMP 环境也需要一天左右。对于初学者，可能会因此打击到学习 PHP 的信心，笔者觉得这是得不偿失的。笔者建议使用本节介绍的方式进行 PHP 开发环境的搭建，无论有无基础，都可以在几个小时之后开始编码工作。

目前网上提供的 Windows 下 PHP 的集成环境有 AppServ、phpStudy、WAMP 和 UPUPW 等，这些软件之间的差别不大，都是集成了 PHP、MySQL、Apache。本书主要以 UPUPW 为例，介绍集成环境的安装和配置。

### 1.3.1 获取 UPUPW

本书写作时采用 Apache 版 UPUPW PHP5.5 系列环境包 1510，这个工具包的主要软件如下：

- PHP5.5.30
- Apache2.4.17
- MariaDB10.1.8

下载地址：

http://www.upupw.net/aphp55/n110.html

软件名称：

UPUPW_AP5.5-1510.7z

## 1.3.2 安装 UPUPW

**步骤01** 进入软件下的文件夹，将 UPUPW_AP5.5-1510.7z 解压，右击"upupw.exe"，选择"以管理员身份运行"，打开软件，如图 1-1 所示。

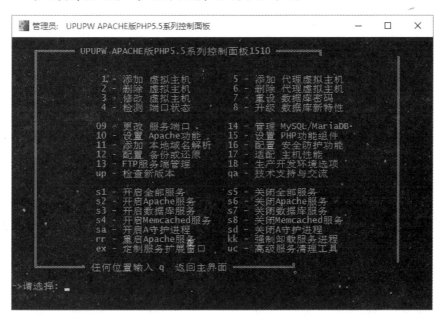

图 1-1

**步骤02** 输入"s1"开启全部服务，如图 1-2 所示。

图 1-2

**步骤03** 打开浏览器，在地址栏输入"localhost"进行测试，如果一切顺利，看到如图 1-3 所示的结果，则表示安装成功。

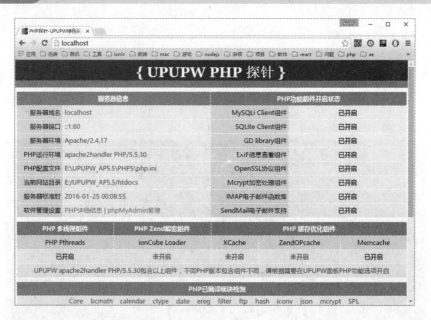

图 1-3

### 1.3.3 目录结构说明

- Apache2：Apache 软件目录。
- Backup：upupw 配置文件的备份及功能目录。
- ErrorFiles：服务器错误页面。
- FileZillaftp：FileZilla 服务端软件目录。
- htdocs：Apache Web 目录。
- MariaDB：MariaDB 数据库目录。
- memcached：Memcached 软件目录。
- PHP5：PHP 软件目录。
- phpmyadmin：phpmyadmin 软件目录。
- sendmail：sendmail 软件目录。
- temp：服务器临时文件目录。
- upcore：upupw 核心程序目录。
- vhosts：虚拟主机目录。
- xdebug：xdebug 软件目录。
- upupw.exe：upupw 主程序。

### 1.3.4 添加虚拟主机

虚拟主机是在网络服务器上分出一定的磁盘空间供用户放置站点、应用组件等，提供必要的站点功能、数据存放和传输功能。所谓虚拟主机，也叫"网站空间"，就是把一台运行在互联网上的服务器划分成多个"虚拟"的服务器，每一个虚拟主机都具有独立的域名和完整的 Internet 服务器（支持 WWW、FTP、E-mail 等）功能。

**步骤01** 打开 UPUPW 安装文件夹，右击 upupw.exe，选择"以管理员身份运行"，如图 1-1 所示。

**步骤02** 输入"1"添加虚拟主机，输入主域名 www.test.com，额外域名不输入，网站目录留空即可，upupw 会自动建立相关目录，最后按回车键即可，如图 1-4 所示。

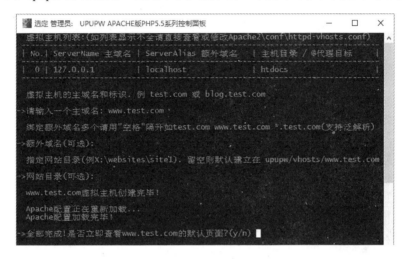

图 1-4

**步骤03** 输入"q"返回主界面，然后输入"11"打开"添加本地域名解析"，如图 1-5 所示。

图 1-5

**步骤04** 单击 Add domain，在弹出窗口中输入数据，字段说明如下：

- IP Address：IP 地址，输入 127.0.0.1。
- Domain Name：域名，输入 www.test.com。
- Comment：注释，留空即可。

**步骤 05** 输入完成后单击 OK 即可，如图 1-6 所示。

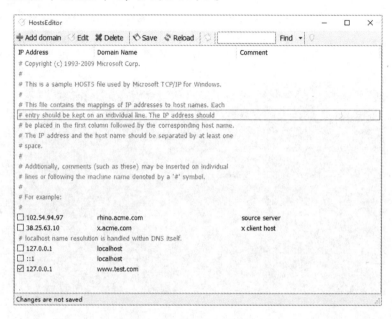

图 1-6

单击 Save 之后关闭该软件以及 upupw.exe。

**步骤 06** 打开浏览器，在地址栏中输入 www.test.com，进行测试，如果一切顺利，看到如图 1-3 所示结果，证明添加虚拟主机成功；如果失败，请重启浏览器之后重试。

## 1.3.5 安装集成开发环境 PHPStorm

**步骤 01** 打开浏览器，在地址栏中输入 https://www.jetbrains.com/phpstorm/download/，单击 DOWNLOAD，下载 PHPStorm 安装程序。

**步骤 02** 双击打开下载的 PhpStorm-10.0.3，打开安装程序，一路单击 Next 即可。默认程序安装在 C：\Program Files (x86)\JetBrains\PhpStorm 10.0.3。

**步骤 03** 打开 C：\Program Files (x86)\JetBrains\PhpStorm 10.0.3\bin\PhpStorm.exe，第一次运行会询问你一下有没有配置文件需要导入，这里直接单击 OK 即可。

**步骤 04** 接下来程序会要求进行注册，有条件的用户可以去官方网站购买，这里单击试用即可。

**步骤 05** PHPStorm 官方只有英文版本，网上有汉化版，笔者不推荐使用，有时候会引起软件崩溃。至于使用英文版本的过程中，对于程序有不懂的地方，笔者建议安装一个有道词典进行翻译。

## 1.4 第一个 ThinkPHP 程序

**步骤 01** 打开浏览器，在地址栏中输入"thinkphp.cn"，打开 ThinkPHP 官方网站，在网站右侧单击"ThinkPHP3.2.3 完整版"，下载到计算机。

**步骤 02** 将下载的"thinkphp_3.2.3_full.zip"解压到你的 upupw 目录\vhosts\www.test.com 中，文件结构如图 1-7 所示。

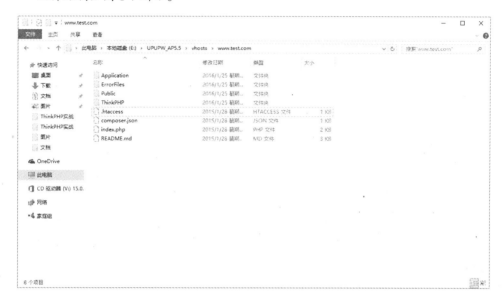

图 1-7

**步骤 03** 打开浏览器，在地址栏输入 www.test.com 进行测试，如果一切顺利，可以看到结果，如图 1-8 所示。

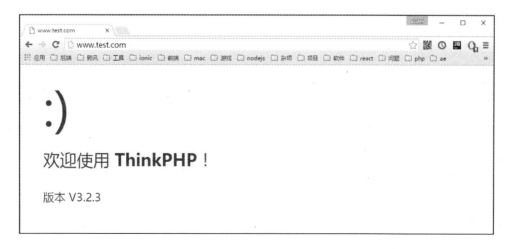

图 1-8

# 1.5 应用结构说明

## 1.5.1 目录说明

一个典型的 ThinkPHP 应用目录结构如下：

```
├─index.php          入口文件
├─README.md          README 文件
├─Application        应用目录
├─Public             资源文件目录
└─ThinkPHP           框架目录
```

其中应用目录 Application 的结构如下：

```
├─Common             公用模块
├─Common             公用函数目录（如自定义函数库）
├─Conf               公用配置目录（如数据库配置）
├─Home               Home 模块目录（默认模块）
├─Common             Home 模块函数目录（模块函数库只在本模块有效）
├─Conf               Home 模块配置目录（如 Home 模块使用其他数据库）
├─Controller         Home 模块控制器目录
├─Model              Home 模块模型目录
├─View               Home 模块视图目录
……其他模块
└─Runtime            运行时目录
```

## 1.5.2 入口文件

几乎所有的 PHP MVC 框架都会采用**单一入口**（网站的所有访问都会经过该文件）进行项目访问，ThinkPHP 也不例外。

入口文件主要完成以下事情：

- 定义框架路径、项目路径。
- 定义调试模式和应用模式（可选）。
- 定义全局常量（可选）。
- 加载框架入口文件。

## 1.5.3 自动生成

细心的读者可能会发现，下载的 thinkphp_3.2.3_full.zip 解压后 Application 目录是空的，而访问 www.test.com 之后会发现该目录下面多出了 Common、Home、Runtime 目录。这其实是 ThinkPHP 自动生成的，目的是为了简化开发工作，规范项目结构。而每个目录下都有一个 index.html 文件，打开这个文件后发现只有一个空格，这又是做什么的呢？这也是 ThinkPHP 为我们做的，目的是为了安全，因为有些 Web 服务器可能没有关闭目录访问，如果一个目录中没有默认首页（浏览器地址栏未指定访问文件时，服务器自动访问的文件，一般为 index.php、index.html）时，整个目录会显示在浏览器窗口中，有害网站安全。

## 1.5.4 模块

ThinkPHP3.2 采用模块化的设计，每个模块之间相对独立，每个模块可以很方便地卸载和部署。默认模块为 Home 模块，如果想添加其他模块，比如后台模块，则在 Home 目录同级建立 Admin 目录即可。一个典型的模块目录如下：

```
├──Common        模块函数目录
├──Conf          模块配置目录
├──Controller    模块控制器目录
├──Model         模块模型目录
├──View          模块视图目录
```

## 1.5.5 控制器

当我们访问 www.test.com 时，浏览器怎么会显示出"欢迎使用 ThinkPHP！"字样呢？
简要地分析一下执行流程：

**步骤01** Web 服务器加载默认首页。
**步骤02** ndex.php 加载 ThinkPHP.php，框架开始运行。
**步骤03** 由于未指定模块、控制器和动作，框架采用默认配置：Home 模块、Index 控制器、index 动作。
**步骤04** 根据 APP_PATH 找到 Application 目录，再根据模块名、控制器名和动作名找到 Home 目录下的 IndexController.class.php，并执行其中的 index 方法，我们可以打开文件查看一下代码，代码如图 1-9 所示。

图 1-9

## 1.6 术语解释

### 1. 项目

一个完整的 Web 程序，最少包括应用目录、框架目录、入口文件三者，一个项目可以有多个应用和多个入口文件，但是一个入口文件只对应一个应用。举个简单的例子，有个留言板的项目，Application 目录和 index.php 组成前台应用，Admin 目录和 admin.php 组成后台应用，这两个应用都属于留言板项目。

### 2. 应用

一个入口文件和一个应用目录构成一个应用，应用之间逻辑上是相互独立的。

### 3. 模式

应用运行的模式，默认为 Common，也就是普通模式。此外，ThinkPHP 还支持 Lite、云引擎模式（如 SAE 云引擎，BAE 云引擎等）、Api 模式。

### 4. 模块

应用目录中除了 Runtime 目录外其他目录都是一个模块，Common 模块比较特殊，该模块不能被浏览器直接访问。

### 5. 控制器

模块目录下的 Controller 文件夹中形如 xxController.class.php 的文件，即为一个控制器。

### 6. 动作

控制器的 public 方法都是动作。

## 1.7 小结

本章必须掌握的知识点：

- 集成环境 UPUPW 的安装和使用
- UPUPW 中服务的启动以及关闭
- 虚拟主机的添加
- PHPStorm 的安装
- ThinkPHP 应用的部署

本章需要扩展的内容：

- 添加一个 ThinkPHP 模块并且访问成功

# 第 2 章
# ◂配 置▸

一个好的框架应该是灵活的、低耦合的，所以配置系统是重要的也是必需的。由于配置一般是键值对的，例如设置"网站标题"为"我的第一个 ThinkPHP 网站"，用配置式的表示方式就是：

```php
<?php
/**
 * config.php
 */
return array(
    'site_title' => '我的第一个ThinkPHP网站'
);

<?php
/**
 * config-demo.php
 */
$config = require __DIR__ . '/config.php';
?>
<!doctype html>
<html lang="zh-cn">
<head>
    <meta charset="UTF-8">
    <title><?php echo $config['site_title'] ?></title>
</head>
<body>

</body>
</html>
```

可以看到在 config-demo.php 中输出的是 config.php 文件中的内容，这种方式比起之前在

"\<title>\</title>"中直接写"我的第一个 ThinkPHP 网站"要灵活得多，假设以后需要更改网站标题了，只需要在 config.php 文件中更改，可以避免第二种方式带来的弊端。

ThinkPHP 提供的配置跟上文提到的没多少区别，核心都是基于 PHP 数组的。

## 2.1 配置类型

在 ThinkPHP 中，配置文件都是自动加载的（也就是不用显示 require），加载顺序为：
默认配置✍公共配置✍模式配置✍调试配置✍场景配置✍模块配置✍扩展配置✍动态配置。

加载顺序优先级从左往右依次递增，也就是说"动态配置"是最高优先级，如果左边的配置和右边有重复，系统会使用右边的值。

### 2.1.1 默认配置

默认配置是 ThinkPHP "大道至简，开发由我"宗旨的核心体现，旨在减少开发者的编码工作而设计的。默认情况下，该配置文件路径为 ThinkPHP/Conf/convention.php，对于一个新的 Web 项目，除了数据库配置可能要自定义之后，几乎不需要额外的配置定义。

### 2.1.2 公共配置

所谓公共配置，指的是一个应用下的所有模块都会加载的配置文件。默认情况下，公共配置的文件路径为 Application/Common/Conf/config.php。

### 2.1.3 模式配置

在第 1 章中介绍过模式，这里就不赘述了，举个例子，我们在本地开发代码的环境一般是自己搭建的 PHP 环境（本书中为 UPUPW 集成环境），权限都是很开放的。但是如果项目部署到云服务器上可能就会运行错误了，国内大部分云服务器都不可以本地写文件，ThinkPHP 默认的 Runtime 机制就会失效。另一个例子是关于数据库的，SAE 云引擎为了数据库的安全性，MySQL 连接信息全部以常量定义，该常量是通过改变 PHP 环境的参数设置的，如果在本地使用该参数也会出错，ThinkPHP 没有模式定义的时候，开发者就需要特别小心配置文件的模式了，如果不小心把本地配置上传到服务器将会导致网站直接出错，所以 ThinkPHP 推出了"运行模式"配置。模式配置的文件路径为 Application/Common/Config/config_模式名称.php，如 Application/Common/Config/config_sae.php。

### 2.1.4  调试配置

Web 程序在正式上线都是在本地开发调试的，有时候本地开发需要使用本地数据库，服务器上需要使用线上数据库，为了避免冲突问题，ThinkPHP 也定义了"调试配置"功能，可以方便地配置调试模式下的各项参数，例如显示页面请求信息的 SHOW_PAGE_TRACE 参数，本地开发时将其设置为 true，提交到服务器时设置为 false 就可以实现开发和线上的隔离。默认情况下，调试配置的文件路径为 Application/Common/Config/debug.php。

### 2.1.5  场景配置

试想这么一个场景，笔者有个项目需要在公司和家里都进行开发，家里安装的是 MySQL 数据库，而公司安装的是 SQL Server 数据库。为了在这两种情况下都进行正常开发，笔者需要经常改变数据库配置，为了解决这个问题，ThinkPHP 还提供了一种"场景配置"，在入口文件中定义应用场景，代码如下：

```
define('APP_STATUS','company');//公司
```

ThinkPHP 就会自动加载 Application/Common/Conf/company.php 文件。

如果在家里开发，在入口文件中则可以如下定义：

```
define('APP_STATUS','home');//家里
```

ThinkPHP 就会自动加载 Application/Common/Conf/home.php 文件。

与模式不同，场景只会影响配置文件的加载，而模式会影响整个应用，例如临时文件的写入等。

### 2.1.6  模块配置

每个模块都会自动加载本模块的配置文件，默认情况下，模块配置的文件路径为 Application/模块名/Conf/config.php。

每个模块支持独立的模式配置和场景配置。

### 2.1.7  扩展配置

假设有这么一个 Web 项目，后台账户采用配置文件方式而不是数据库方式进行储存，按照上文的思想，需要用配置文件保存该账号信息，但是将该数据直接写在主配置文件中（本文默认公共配置文件）似乎不妥（按照解耦原则，该文件已经单独存放），这时候可以新建一个 admin_user.php 文件专门用来存放后台账户信息，在主配置文件中加载即可。

## 2.1.8 动态配置

假设我们在主配置文件中配置请求超时时间为 10 秒，但是遇到耗时操作时，10 秒的时间脚本可能仍未运行完毕（例如在浏览器中进行数据库的备份操作），这时候会导致脚本异常终止，有损用户体验，此时我们可以通过 ThinkPHP 的配置操作函数临时更改超时时间，操作结束后再设置回原值。

# 2.2 配置操作

针对配置的操作无非读写而已，ThinkPHP 提供了很方便的配置操作函数 C（大写字母C）。ThinkPHP 按照 2.1 节的顺序加载完配置之后，配置全局有效，在框架作用范围内（一般指应用目录下），所有配置都可以直接使用 C 函数读取（包括 ThinkPHP 默认配置）。

在 UPUPW 的 htdocs 目录中新建一个 Web 项目（笔者的 Web 项目名称为 thinkphp-inaction），目录结构如下：

```
├──chapter-2
├──index.php
├──ThinkPHP
```

ThinkPHP 框架放在入口文件上一级主要是为了多个项目共用一套框架，节约了磁盘空间。

入口文件定义如下（以后如果没有特殊说明，项目入口文件统一为该文件）：

```php
<?php
/**
 * index.php
 */
// 检测 PHP 环境
if (version_compare(PHP_VERSION, '5.3.0', '<')) die('require PHP > 5.3.0 !');
// 开启调试模式 建议开发阶段开启 部署阶段注释或者设为 false
define('APP_DEBUG', true);
// 定义应用目录
define('APP_PATH', './Application/');
//关闭目录保护
define('BUILD_DIR_SECURE', false);
// 引入 ThinkPHP 入口文件
require '../ThinkPHP/ThinkPHP.php';
```

打开浏览器，在地址栏输入 localhost/chapter-2 进行测试。看到"欢迎使用 ThinkPHP！"字样证明应用初始化成功。

## 2.2.1　C 函数

作为配置操作的一个重要函数，不得不单独提下 C 函数。打开文件 ThinkPHP/Common/functions.php，可以看到 C 函数定义如下：

```php
/**
 * 获取和设置配置参数 支持批量定义
 * @param string|array $name 配置变量
 * @param mixed $value 配置值
 * @param mixed $default 默认值
 * @return mixed
 */
function C($name=null, $value=null,$default=null) {
    static $_config = array();
    // 无参数时获取所有
    if (empty($name)) {
        return $_config;
    }
    // 优先执行设置获取或赋值
    if (is_string($name)) {
        if (!strpos($name, '.')) {
            $name = strtoupper($name);
            if (is_null($value))
                return isset($_config[$name]) ? $_config[$name] : $default;
            $_config[$name] = $value;
            return null;
        }
        // 二维数组设置和获取支持
        $name = explode('.', $name);
        $name[0]   = strtoupper($name[0]);
        if (is_null($value))
            return isset($_config[$name[0]][$name[1]]) ? $_config[$name[0]][$name[1]] : $default;
        $_config[$name[0]][$name[1]] = $value;
        return null;
```

```
        }
        // 批量设置
        if (is_array($name)){
            $_config = array_merge($_config,
array_change_key_case($name,CASE_UPPER));
            return null;
        }
        return null; // 避免非法参数
    }
```

可以看到 ThinkPHP 的注释是很详尽的,就算是没有使用过 C 函数的程序员,看完注释之后对 C 函数的使用方法应该是没有问题的。C 语言函数算法说明如下:

(1)定义 static $_config 变量,static 方式定义的变量本次请求内全局有效。
(2)如果传入的$name 为空,返回所有配置;如果不为空,进入第 3 步。
(3)判断$name 是否为字符串,如果是,进入第 4 步;否则进入第 12 步。
(4)判断$name 中是否有".",如果没有,进入第 5 步;否则进入第 8 步。
(5)将$name 转换为大写,如果$value 为 null,进入第 6 步;否则进入第 7 步。
(6)判断是否存在名为$name 的配置,如果存在,则返回该配置的值;否则返回默认值。
(7)将名称为$name 的配置值设为$value,并返回 null。
(8)将$name 分割为数组,加入传入的$name 为 "user.name",分割完之后$name 为 ['user','name']。
(9)将$name 数组的第 1 个元素 "user" 转换为大写,如果传入的$value 为 null,则进入第 10 步,否则进入第 11 步。
(10)判断是否存在$_config[$name[0]][$name[1]](本例中为$_config['user']['name'])的配置,如果存在,返回$_config[$name[0]][$name[1]]的值,否则返回 null。
(11)将名称为$_config[$name[0]][$name[1]](本例中为$_config['user']['name'])的配置值设为$value,并返回 null。
(12)如果$name 是数组,则将该数组的全部键名转换为大写后合并到全局配置中去。
(13)最后返回 null 是为了防止非法调用函数。

通过源码分析发现,ThinkPHP 的配置名称只有一级是不区分大小写的,也就是说 C('DATA_CACHE_TYPE')和 C('data_cache_type')的返回值是相等的,但是二级配置是区分大小写的,也就是说 C('user.name')和 C('user.NAME')是不相等的,这点请读者注意。另外,关于无限级配置,因为源码中可以看到 ThinkPHP 在对配置的处理只处理到二级,不支持二级以上配置。

## 2.2.2 读取配置

打开 Application/Home/Controller/IndexController.class.php,更改 index 方法中代码如下:

```php
<?php
namespace Home\Controller;
use Think\Controller;
class IndexController extends Controller
{
    public function index()
    {
        echo C('DATA_CACHE_TYPE');
    }
}
```

刷新浏览器,可以看到浏览器输出了"File",证明读取配置成功,我们并没有配置 DATA_CACHE_TYPE,通过 2.1 节的加载顺序可以发现默认配置中有 DATA_CACHE_TYPE 的配置。

现在开始测试公共配置的加载,打开 Application/Common/Conf/config.php,设置 DATA_CACHE_TYPE 如下:

```php
<?php
/**
 * config.php
 */
return array(
    'DATA_CACHE_TYPE' => 'Db'
);
```

刷新浏览器,可以看到浏览器输出了"Db",公共配置已经覆盖了默认的配置"File"。

继续编辑该文件,这次添加一个二维数组,最终代码如下:

```php
<?php
/**
 * config.php
 */
return array(
    'DATA_CACHE_TYPE' => 'Db',
    'ADMIN' => array(
        'username' => 'admin',
        'password' => '123456'
    )
);
```

打开 Application/Home/IndexController.class.php,编辑 index.php 代码如下:

```php
<?php
namespace Home\Controller;
use Think\Controller;
class IndexController extends Controller
{
    public function index()
    {
        echo 'username: ' . C('ADMIN.username') . ', password: ' .
C('ADMIN.password');
    }
}
```

刷新浏览器，可以看到浏览器输出了"username: admin, password: 123456"，其他类型的配置读取操作与本节一致。

## 2.2.3 加载扩展配置

在 Application/Home/Conf 目录下新建 admin_user.php，文件内容如下：

```php
<?php
/**
 * admin_user.php
 */
return array(
    array(
        'id' => 1,
        'username' => 'root',
        'password' => 'root'
    ),
    array(
        'id' => 2,
        'username' => 'admin',
        'password' => 'admin'
    )
);
```

编辑同级的 config.php，内容如下：

```php
<?php
/**
```

```
 * config.php
 */
return array(
    'LOAD_EXT_CONFIG' => array('ADMIN' => 'admin_user')
);
```

编辑 Application/Home/Controller/IndexController.class.php，代码如下：

```
<?php
namespace Home\Controller;
use Think\Controller;
class IndexController extends Controller
{
    public function index()
    {
        print_r(C('ADMIN'));
    }
}
```

刷新浏览器，如果看到如图 2-1 所示结果，证明设置成功。

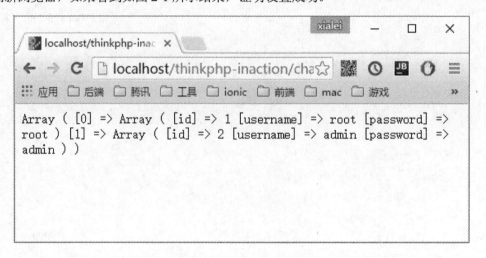

图 2-1

如果看到其他结果，请检查文件路径是否一致，如果仍不能解决问题，请前往 github 提问。

## 2.2.4 写入配置

C 函数写入的配置属于"动态配置"，也就是最高优先级的配置，编辑 Application/Home/Controller/IndexController.class.php，内容如下：

```php
class IndexController extends Controller
{
    public function index()
    {
        echo '<pre>';
        echo "设置前：\n";
        print_r(C('ADMIN'));
        C('ADMIN', array(
            array(
                'id' => 1,
                'username' => 'root',
                'password' => 'admin'
            )
        ));
        echo "设置后：\n";
        print_r(C('ADMIN'));
        echo '</pre>';
    }
}
```

正式输出前后先输出"<pre>"有利于排版显示。

刷新浏览器可以看到如图 2-2 所示页面。

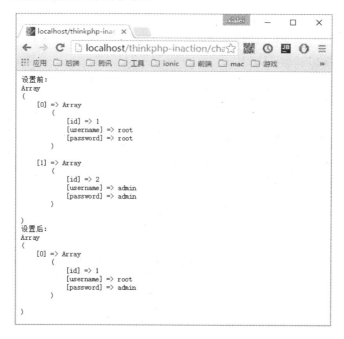

图 2-2

读者可能注意到设置后的配置覆盖掉了原来的值，如果想保留原来的值应该怎么操作呢？ThinkPHP 这次就没有提供相关函数给我们了，我们可以利用 array_merge 函数操作。

编辑 Application/Home/Controller/IndexController.class.php，代码如下：

```php
<?php
namespace Home\Controller;
use Think\Controller;
class IndexController extends Controller
{
    public function index()
    {
        echo '<pre>';
        echo "设置前：\n";
        $admin = C('ADMIN');
        print_r($admin);
        $newAdmin = array(
            array(
                'id' => 1,
                'username' => 'root',
                'password' => 'admin'
            )
        );
        C('ADMIN', $newAdmin);
        echo "覆盖模式设置后：\n";
        print_r(C('ADMIN'));
        $admin = array_merge($admin,$newAdmin);
        echo "合并模式设置后：\n";
        print_r($admin);
        echo '</pre>';
    }
}
```

刷新浏览器，可以看到如图 2-3 所示界面。

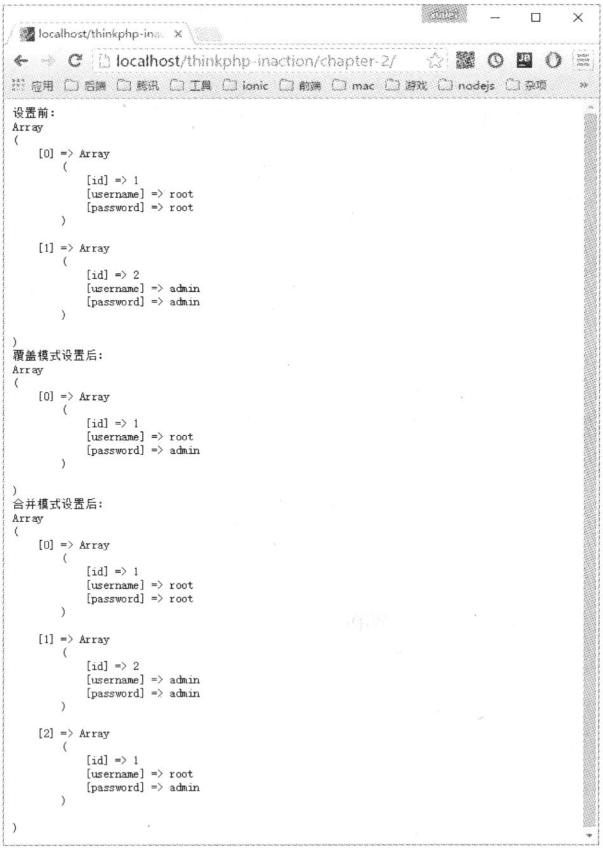

```
设置前：
Array
(
    [0] => Array
        (
            [id] => 1
            [username] => root
            [password] => root
        )

    [1] => Array
        (
            [id] => 2
            [username] => admin
            [password] => admin
        )

)
覆盖模式设置后：
Array
(
    [0] => Array
        (
            [id] => 1
            [username] => root
            [password] => admin
        )

)
合并模式设置后：
Array
(
    [0] => Array
        (
            [id] => 1
            [username] => root
            [password] => root
        )

    [1] => Array
        (
            [id] => 2
            [username] => admin
            [password] => admin
        )

    [2] => Array
        (
            [id] => 1
            [username] => root
            [password] => admin
        )

)
```

图 2-3

二级配置的写入操作和读取类似，这里笔者就不赘述了。

## 2.3 小结

本章需要掌握的内容：

- 配置的加载顺序
- 配置的读取、写入、扩展
- <pre>格式化输出

本章需要扩展的内容：

- 利用递归思想编写一个支持无限级配置的操作函数

# 第 3 章 路 由

说到路由大家可能不陌生，"路由器"应该是大家听到过最多跟路由有关的词语了，本章所谈到的路由和路由器的路由原理是一致的。所谓"路由"，用自然语言来说，就是"找路"，从本章来看，就是浏览器访问了一个"不存在"的 URL，ThinkPHP 通过路由规则将其正常发送到相应的动作执行并返回。

来看一下下面这两个 URL：

URL1:http://www.exmaple.com/news/view.php?id=10
URL2:http://www.example.com/index.php/news/view/id/10

url1 采用的是 QueryString（查询字符串）的模式，url2 采用的是 pathinfo 的模式，对于搜索引擎来说，URL1 是很明显的动态链接[1]，而 URL2 则更接近静态链接[2]。

## 3.1 URL 的三种模式

从 SEO（搜索引擎优化）的角度来说，URL 有动态 URL、静态 URL、伪静态三种，三种模式各有优点和缺点，在学习 ThinkPHP 的路由之前，有必要好好了解三种 URL 模式，以便在最适合的时候应用最合适的模式。

### 3.1.1 动态 URL

动态 URL（本文中也指动态页面）是在服务端运行的程序、网页，属于动态网页。它们会随着不同访问者、不同时间，返回不同的网页，例如 ASP、PHP、ASP.NET、JSP 等网页，它们在 URL 中可能会出现"?、=、&"这样的符号，用来传递参数，有很强的交互性。但是由于有交互性，所以动态网站一旦被黑客入侵，将会对服务器产生很大的安全隐患。此外，由于文件是动态的，每次访问都需要经过服务器的编译执行，对服务器有一定的负载压力。

---

1. 动态链接又称动态页面，即指在 url 中出现"?、=、&"这样的符号，并以".apsx、.asp、.jsp、.php"等为后缀的 url。
2. 静态链接又称静态页面，它是一个固定的网址，不包含任何参数或代码，通常以".htm、.html、.shtml、.xml"为后缀。

### 3.1.2 静态 URL

静态 URL（本文也指静态页面）是指实际存在、无须经过服务器编译直接加载到客户浏览器上的文件。它是一个固定的网址，不包含任何参数或代码，通常以.htm、.html、.shtml、.xml为后缀，最大的优点是无论怎样访问都只是让 Web 服务器将该文件发送给客户端，不做任何的编译操作，访问速度快、跨平台、跨服务器，大大地提高了访问速度及降低了部分安全隐患。搜索引擎往往对静态页面情有独钟，但是静态文件也有其缺点，由于文件直接存放在服务器磁盘上，如果网页过多的话，服务器磁盘空间会占用过多。

### 3.1.3 伪静态 URL

伪静态 URL 本质是动态页面，但是其 URL 看起来可能如下：

http://www.example.com/post/1

它充分结合了静态页面和动态页面的优点，解决了静态页面占用较大磁盘空间的问题，也能够较好地应付搜索引擎，一般情况下，使用该模式的网站居多。但是伪静态也不是完美的，由于伪静态虽然"看上去"像静态的，实际上不是，到底发送什么内容到客户端由 Web 服务器来判定，所以 CPU 占有量会上升，当访问量过大的时候容易导致网站崩溃。

## 3.2 ThinkPHP 的路由

### 3.2.1 路由模式

ThinkPHP 的路由支持以下四种模式：

- 普通模式
- pathinfo 模式
- rewrite 模式
- 兼容模式

接下来通过一个具体的场景来分析这四种路由模式，假设用户访问 Home 模块的 Index 控制器的 index 方法，这四种模式下的 URL 如下：

- 普通模式：http://www.example.com/index.php?m=home&c=index&a=index
- pathinfo 模式：http://www.example.com/index.php/home/index/index
- rewrite 模式：http://www.example.com/home/index/index
- 兼容模式：http://www.example.com/index.php?s=home/index/index

可以看到普通模式和兼容模式可以归类到动态 URL 中，pathinfo 和 rewrite 模式可以归类到伪静态模式中。rewrite 模式和 pathinfo 模式的区别在于前者没有 index.php，有 HTTP 基础的读者可能有些不理解，如果按照静态页面的处理方式，rewrite 模式下 Web 服务器会前往 Web 目录下的 home/index/index 查找默认首页，如果存在则发送给浏览器，否则发送 404 错误页面。

接下来可以进行测试，观察这四种 URL 在浏览器中的实际情况，请将 www.example.com 替换为相应的 Web 目录（笔者的为 http://localhost/thinkphp-inaction）。

在 Web 目录下新建文件夹 chapter-3，按照第 2 章的方法新建入口文件，并且在浏览器访问使 ThinkPHP 初始化。

编辑 Application/Home/Controller/IndexController.class.php，内容如下：

```php
<?php
namespace Home\Controller;
use Think\Controller;
class IndexController extends Controller
{
    public function index()
    {
        echo 1;
    }
}
```

文件内容很简单，只要浏览器输出"1"证明访问 home/index/index 成功。打开浏览器分别测试普通模式（见图 3-1）、pathinfo 模式（见图 3-2）和 rewrite 模式（见图 3-3）。

图 3-1

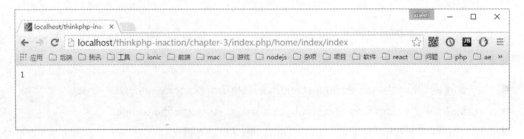

图 3-2

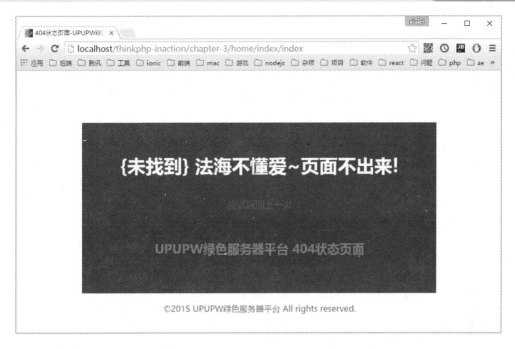

图 3-3

可以看到，rewrite 模式下，已经访问不到 home/index/index 了，观察 URL 发现，Web 服务器在 home/index/index 目录下查找默认文件了。这时候就需要对 Web 服务器进行 URL 重写设置。

在 chapter-3 下级目录新建文件".htaccess"，文件无名称，扩展名为"htaccess"，该文件为 Apache 服务器的分布式配置文件（通俗点说，就是每个站点可以单独设置，互不影响），文件结构如图 3-4 所示。

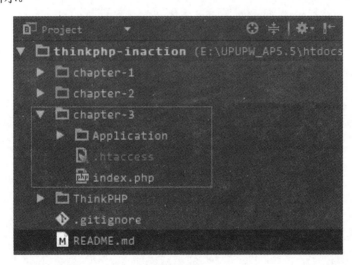

图 3-4

文件内容如下：

```
RewriteEngine on
RewriteCond %{REQUEST_FILENAME} !-d
RewriteCond %{REQUEST_FILENAME} !-f
RewriteRule ^(.*)$ index.php/$1 [L]
```

文件第 1 行：打开重写引擎。

文件第 2 行和第 3 行：如果请求文件不是目录而且不是文件（证明服务器上没有该请求文件或请求目录）。

文件第 4 行：将所有请求重定向到当前目录下的 index.php 文件，"L"代表如果该规则成功处理，则不继续处理下一条规则。

以 http://localhost/thinkphp-inaction/chapter-3/home/index/index 为例，由于服务器上并不存在 home/index/index 目录，故 Apache 将请求参数"/home/index/index"全部传给 chapter-3/index.php 文件处理。

打开浏览器刷新，可以看到如图 3-5 所示界面。

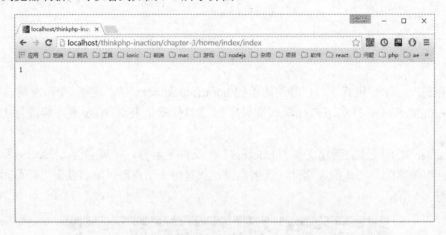

图 3-5

最后则是兼容模式的测试，结果如图 3-6 所示。

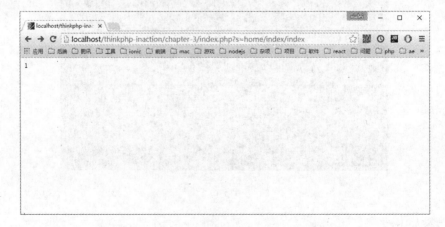

图 3-6

## 3.2.2 路由配置

要使用 ThinkPHP 的路由功能，只要 Web 服务器支持除普通模式外的任何一种模式即可，前提是在公共（或模块）配置文件中启用路由功能。

编辑 Application/Common/Conf/config.php，内容如下：

```php
<?php
/**
 * config.php
 */
return array(
    'URL_ROUTER_ON' => true
);
```

接下来就是配置路由规则了，在模块的配置文件中使用 **URL_ROUTE_RULES** 参数进行配置，配置格式为数组，一个元素就是一个路由规则，编辑 Application/Home/Conf/config.php，内容如下：

```php
<?php
/**
 * config.php
 */
return array(
    'URL_ROUTE_RULES' => array(
        'posts/:year/:month/:day' => 'Index/index',
        'posts/:id' => 'Index/index',
        'posts/read/:id' => '/posts/:1',
    ),
);
```

打开浏览器访问 http://localhost/thinkphp-inaction/chapter-3/home/posts/2015/01/01，结果如图 3-7 所示。

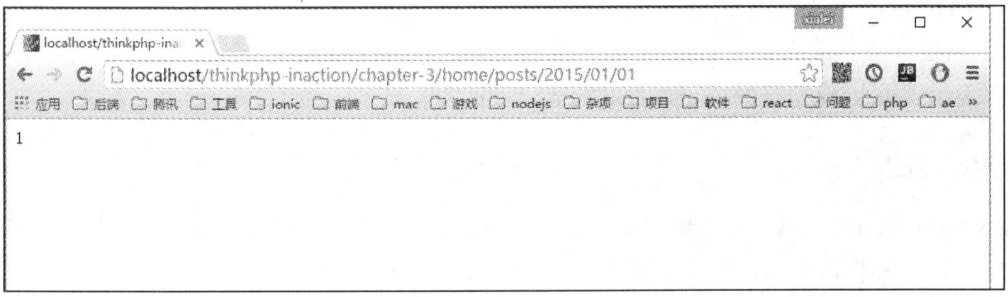

图 3-7

ThinkPHP 已经将请求地址路由到 Application/Home/Controller/IndexController.class.php 的 index 方法中去了。

为了测试一下路由图 3-7 的结果是否是 ThinkPHP 路由导致的，编辑 Application/Common/Conf/config.php 文件，内容如下：

```php
<?php
/**
 * config.php
 */
return array(
    'URL_ROUTER_ON' => false
);
```

刷新浏览器，可以看到如图 3-8 所示结果。

图 3-8

路由定义的一般规则是："路由表达式" => "路由地址和参数" 或者 array("路由表达式"，"路由地址"，"传入参数")。

"路由表达式"指"以何种规则"匹配浏览器中的地址，如果匹配成功，系统将在处理请求的同时把"传入参数"（如果有配置）传给指定的动作。

ThinkPHP 的路由规则采用顺序遍历方式进行，只要成功匹配一条匹配的路由，则终止继续匹配。

路由表达式支持规则路由、正则路由、静态路由。

### 1. 规则路由

'posts/:year/:month/:day' => 'Index/index'，是一个典型的规则路由，通过":"进行参数匹配，如果匹配成功，则将该位置的参数传给指定的动作。

编辑 Application/Common/Conf/config.php 文件，将"false"更改为"true"，编辑

Application/Home/Controller/IndexController.class.php,内容如下:

```php
<?php
namespace Home\Controller;
use Think\Controller;
class IndexController extends Controller
{
public function index()
{
    echo "year:".$_GET['year'].", month:".$_GET['month'].", day:".$_GET['day'];
}
}
```

刷新浏览器,可以看到如图 3-9 所示结果。

图 3-9

ThinkPHP 已经将 URL 地址中的各项参数传给相应的动作,如果是未启用路由的状态,需要获取 year、month、day 参数就必须访问形如 http://localhost/thinkphp-inaction/chapter-3/index.php?year=2015&month=01&day=01 这样的 URL 才可以。

2. 正则路由

顾名思义,正则路由就是利用正则表达式进行"路由表达式"配置,至于正则表达式相关知识,读者可以在网上参考相关资料。

编辑 Application/Home/Conf/config.php,内容如下:

```php
<?php
/**
 * config.php
```

```
     */
    return array(
        'URL_ROUTE_RULES' => array(
            '/^posts\/(\d{4})\/(\d{2})\/(\d{2})$/' => 'Index/index?year=:1&month=:2&day=1',
            'posts/:year/:month/:day' => 'Index/index',
            'posts/:id' => 'Index/index',
            'posts/read/:id' => '/posts/:1',
        ),
    );
```

请注意：正则路由的最后一个"1"前面没有":"，固只要 URL 匹配成功，day 参数永远为 1。

刷新浏览器，可以看到如图 3-10 所示的结果。

图 3-10

正则路由匹配成功，所以 day 为 1；如果正则路由匹配失败，浏览器将输出 12。

接下来将浏览器地址栏 URL 改为 http://localhost/thinkphp-inaction/chapter-3/home/posts/2015/01/010，刷新浏览器，可以看到如图 3-11 所示的结果。

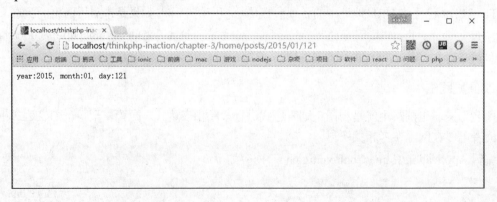

图 3-11

可以看到输出的 day 为 "121"，证明 ThinkPHP 匹配到了第二条路由，这就是正则路由的优势,最严格的匹配模式,路由配置中正则表达式的最后一个子模式为"(\d{2})",该正则只匹配两位数字,而请求的 URL 地址中最后一个参数为 3 位数字,固正则路由匹配失败,系统使用规则路由。

### 3. 静态路由

静态路由定义中不包含任何动态参数,也不需要遍历路由规则,所以路由效果比前两者高,为了区分前两种路由规则,静态路由采用 URL_MAP_RULES 进行定义。

编辑 Application/Home/Conf/config.php,内容如下:

```php
<?php
/**
 * config.php
 */
return array(
    'URL_ROUTE_RULES' => array(
        '/^posts\/(\d{4})\/(\d{2})\/(\d{2})$/' => 'Index/index?year=:1&month=:2&day=1',
        'posts/:year/:month/:day' => 'Index/index',
        'posts/:id' => 'Index/index',
        'posts/read/:id' => '/posts/:1',
    ),
    'URL_MAP_RULES' => array(
        'site/welcome' => 'Index/index?from=seo'
    )
);
```

编辑 Application/Home/Controller/IndexController.class.php,内容如下:

```php
<?php
namespace Home\Controller;
use Think\Controller;
class IndexController extends Controller
{
public function index()
{
    echo $_GET['from'];
}
}
```

在浏览器中访问 http://localhost/thinkphp-inaction/chapter-3/home/site/welcome,可以看到如图 3-12 所示结果。

图 3-12

## 3.3 小结

本章需要掌握的内容：

- 区分 ThinkPHP 四种路由模式
- 规则路由、静态路由的配置
- 新建一个路由规则，将其路由到 IndexController.class.php 的 second 方法

本章需要扩展的内容：

- 熟悉正则路由的使用
- 熟悉三种路由规则的匹配模式

# 第 4 章
## ◀ 控制器 ▶

作为 MVC 模式中最核心的控制器，起着沟通视图和模型的作用。一个好的 MVC 架构中，View 永远不应该直接操作 Model，而应该通过 View⇌Controller⇌Model 的方式进行操作。一方面减少了耦合程度，另一方面在将来对 View 进行重构时不会影响到 Model。

一般来说，ThinkPHP 的控制器就是一个类，该类位于"模块/Controller"文件夹下，而操作指控制器的一个 public 方法。前面几章或多或少都提到了控制器，但并没有深入讲解，笔者觉得单独拿出来讲令人印象更深刻。

## 4.1 控制器的定义

ThinkPHP 控制器的定义非常简单，满足以下两个条件即可：

（1）文件名形如"xxxController.class.php"并存放于"模块/Controller"文件夹下；

（2）继承 ThinkPHP 的 Controller 及其子类（有时候我们需要扩展一些公用方法，但又不能改动框架，所以需要子类去继承系统的 Controller，以该子类作为新的 Controller 父类）。

而定义动作只需要在控制器中定义公共方法即可，在 Web 目录下新建 chapter-4 文件夹，新建入口文件并完成初始化。

在 Application/Home/Controller 下新建 TestController.class.php，内容如下：

```php
<?php
/**
 * TestController.class.php
 */
namespace Home\Controller;

use Think\Controller;

class TestController extends Controller
{
```

```
    public function test()
    {
        echo '您访问了home/test/test';
    }
}
```

打开浏览器，访问 http://localhost/thinkphp-inaction/chapter-4/home/test/test，可以看到浏览器输出了"您访问了 home/test/test"。看到这么长的 URL，有些读者可能会有点不知所措，实际上，简要地分析一下就很简单了。

- localhost：主机名
- thinkphp-inaction：ApacheWeb 目录下的一个子目录
- chapter-4：thinkphp-inaction 的子目录
- home：模块名
- 第一个 test：控制器名
- 第二个 test：动作名

几乎所有的 ThinkPHP 框架的链接都可以采用这种方式去分析。

如果我们试着访问"http://localhost/thinkphp-inaction/chapter-4/home/test"，浏览器会输出"非法操作：index"的字样，原因是 ThinkPHP 在检测到未输入动作名时，自动使用控制器的"index"方法作为动作名，但是 TestController 未定义 index 方法，所以报错，添加 index 方法后就可以正常访问了。

动作的定义上文已经提到过，一个 public 的方法就是一个可以被浏览器访问到的动作，方法名即动作名，但是请注意到下面这个 URL："http://localhost/thinkphp-inaction/chapter-4/home/test/list"，如果按照上文提到的在 TestController 中添加"public function list()"，编辑器会直接报错，因为"list"是 PHP 关键字，遇到这种情况的时候就需要配置"操作方法后缀"了。

编辑 Application/Home/Conf/config.php，内容如下：

```
<?php
/**
 * config.php
 */
return array(
'ACTION_SUFFIX' => 'Action', // 操作方法后缀
);
```

"ACTION_SUFFIX"就是操作后缀的配置项名称，接下来编辑 Application/Home/Controller/TestController.class.php，内容如下：

```
<?php
/**
```

```
 * TestController.class.php
 */
namespace Home\Controller;
use Think\Controller;
class TestController extends Controller
{
    public function testAction()
    {
        echo '您访问了home/test/test';
    }

    public function listAction()
    {
        echo '您访问了home/test/list';
    }
}
```

打开浏览器访问"http://localhost/thinkphp-inaction/chapter-4/home/test/list",可以看到浏览器输出了"您访问了home/test/list",证明操作后缀配置成功。

## 4.2 前置操作和后置操作

试想这么一种场景,有一个控制器方法是需要很高的审计安全级别的(比如提现系统中的提现操作),这时候对这种操作需要完整的日志记录。一般的做法是在该方法体前面和后面增加日志写入代码。但是该方式不利于项目解耦,毕竟日志记录不是提现逻辑,而是审计逻辑,此时ThinkPHP提供的"前置操作和后置操作"可以实现该需求。

前置操作和后置操作是"可选"的,如果存在则自动调用,定义方式如下,编辑Application/Home/Conf/config.php,代码如下:

```
return array(
//    'ACTION_SUFFIX' => 'Action', // 操作方法后缀
);
```

编辑 Application/Home/Controller/IndexController.class.php,代码如下:

```
<?php
namespace Home\Controller;
```

```php
use Think\Controller;

class IndexController extends Controller
{
    public function _before_index()
    {
        echo 'before';
    }

    public function index()
    {
        echo 'index';
    }

    public function _after_index()
    {
        echo 'after';
    }
}
```

在浏览器中访问 http://localhost/thinkphp-inaction/chapter-4/home/index，浏览器会输出"beforeindexafter"，证明系统按照顺序调用了相应方法。

## 4.3 动作参数绑定

参数绑定通过直接绑定 URL 地址中的变量（不包括模块名、控制器名、动作名）为操作方法的函数形参，可以简化方法定义。动作参数绑定是默认开启的，如果需要关闭可以配置"URL_PARAMS_BIND"为"false"。

在前面的内容中，如果需要在动作中获取 GET 参数，需要使用$_GET 数组，而使用动作参数绑定之后就不需要使用$_GET 了。

编辑 Application/Home/IndexController.class.php，代码如下：

```php
<?php
namespace Home\Controller;

use Think\Controller;
```

```
class IndexController extends Controller
{
public function _before_index()
{
    echo 'before';
}

public function index()
{
    echo 'index';
}

public function _after_index()
{
    echo 'after';
}

public function bind($id)
{
    echo $id;
}
}
```

新增的 bind 方法使用了"动作参数绑定",此处简单输出 URL 变量中的 id 值,在浏览器访问 http://localhost/thinkphp-inaction/chapter-4/home/index/bind/id/1,浏览器输出"1"。

需要注意的是,如果使用了"动作参数绑定"的动作形参未指定默认值,访问的时候 URL 中必须包含该变量,否则系统提示"参数错误或者未定义"。打开浏览器访问 http://localhost/thinkphp-inaction/chapter-4/home/index/bind,浏览器输出"参数错误或者未定义"。

解决此问题的方法是给相应参数添加默认值,更改后的 bind 方法代码如下:

```
public function bind($id = 1)
{
    echo $id;
}
```

打开浏览器访问 http://localhost/thinkphp-inaction/chapter-4/home/index/bind,浏览器输出"1"。

## 4.4 伪静态

伪静态通常是为了优化 SEO 效果，ThinkPHP 支持伪静态设置，通过配置"URL_HTML_SUFFIX"可以在 URL 的最后添加你想要的静态后缀。例如，配置"URL_HTML_SUFFIX"为"html"时，可以把 http://localhost/chapter-4/home/index/index 变成 http://localhost/chapter-4/home/index/index.html，从形式上看，后者似乎是个静态 URL。

默认情况下，"URL_HTML_SUFFIX"为"html"，如果不需要设置伪静态后缀，将"html"更改为""即可；如果需要支持多个伪静态后缀，将"html"更改为"html|htm"即可；如果需要获取当前 URL 的伪静态后缀，直接使用"__EXT__"常量即可。

如果需要禁止特定后缀的访问，配置"URL_DENY_SUFFIX"即可。例如，系统需要屏蔽图片链接，可配置"URL_DENY_SUFFIX"为"jpg|png|gif"，如果访问 http://localhost/chapter-4/home/home/index/index.jpg 会返回 404 错误。

注意：

- URL_DENY_SUFFIX 优先级高于 URL_HTML_SUFFIX。
- 不经过框架处理的请求 URL_DENY_SUFFIX 不会生效，比如在 chapter-4 目录下新建"images"文件夹，在文件夹中放入"1.jpg"，打开浏览器访问 http://localhost/chapter-4/images/1.jpg 时，图片可以正常显示，因为该请求未经过 ThinkPHP 处理。

## 4.5 URL 大小写

ThinkPHP 根据 URL 中的模块名、控制器名来定位到具体的控制器类文件，根据操作名执行相应的控制器方法。在 Windows 和 Linux 下，文件名大小写会影响文件的查找，来看以下的例子：

访问 http://localhost/chapter-4/index.php/Home/Index/index，系统会查找 Home/Controller/IndexController.class.php 文件。由于 Windows 下文件名大小写不敏感，所以以下 URL 都是等效的：

- http://localhost/chapter-4/index.php/home/Index/index
- http://localhost/chapter-4/index.php/Home/index/index
- http://localhost/chapter-4/index.php/Home/Index/Index

如果在 Linux 环境下面，一旦大小写不一致，就会造成 ThinkPHP 查找不到对应的文件。假设请求的 URL 是 http://localhost/chapter-4/index.php/home/Index/index，系统会查找 home/Controller/IndexController.class.php，但是 Home 模块的文件夹名称为 Home，控制器查找时失败，会出现"Index 控制器不存在的错误"。

ThinkPHP 提供了一个"URL_CASE_INSENSITIVE"的配置项，将该项配置为"true"即可

实现 URL 不区分大小写，保持 Windows 和 Linux 环境的一致体验。

## 4.6 URL 生成

ThinkPHP 一个强大之处在于可以根据不同的 URL 模式来生成不同的 URL 地址，为此 ThinkPHP 提供了"U"函数，该函数确保了项目在移植过程中不受运行环境的影响。

U 方法定义如下：

```
U(地址表达式，参数，是否显示伪静态后缀，是否显示域名)
```

### 4.6.1 地址表达式

地址表达式格式如下：

```
[模块/控制器/操作#锚点@域名]?参数1=值1&参数2=值2...
```

如果没有指定模块名，则 ThinkPHP 使用当前模块名，来看以下例子：

```
U('User/add')//生成User控制器的add操作的URL
U('Blog/read?id=1')//生成Blog控制器的read操作且id为1的URL
U('Home/Index/index')//生成Home模块下Index控制器的index操作的URL
```

### 4.6.2 参数

参数支持数组和查询字符串形式，所以以下方式是等效的：

- U('User/view',array('id'=>1,'role'=>'admin'))
- U('User/view','id=1&role=admin')

### 4.6.3 伪静态后缀

该参数为 true 时，系统读取 URL_HTML_SUFFIX 配置来生成 URL，如果需要临时使用新规则，可以直接加参数后缀名，例如：

```
U('Blog/view',array('id'=>1),'shtml')
```

### 4.6.4 URL 模式处理

不同的 URL_MODEL 会导致生成不同的 URL 地址，以 U('Blog/view',array('id'=>1),'shtml')

41

为例。

普通模式：

```
/index.php?m=Home&c=Blog&a=view&id=1
```

pathinfo 模式：

```
/index.php/Home/Blog/view/id/1.shtml
```

rewrite 模式：

```
/Home/Blog/view/id/1.shtml
```

兼容模式：

```
/index.php?s=/Home/Blog/view/id/1.shtml
```

如果"URL_CASE_INSENSITIVE"为"true"，ThinkPHP 会将生成结果统一转换为小写。

### 4.6.5 生成路由地址

假设定义了以下路由规则：

```
'blog/:id\d'=>'Blog/read'
```

那么可以使用 U('/blog/1')来生成/index.php/Home/blog/1.shtml。

## 4.7 Ajax 返回

在接口开发中，需要直接返回 json 或 xml 格式的数据，而不是渲染视图，编辑 Application/Home/Controller/IndexController.class.php，代码如下：

```
<?php
namespace Home\Controller;

use Think\Controller;

class IndexController extends Controller
{
public function index()
{
    $data = array(
```

```
        'status' => 1,
        'data' => 'data'
    );
    $this->ajaxReturn($data);
}

public function bind($id = 1)
{
    echo U('Blog/view', array('id' => 1), 'shtml');
}
}
```

访问 http://localhost/chapter-4/home/index/index，输出"{"status":1,"data":"data"}"。

系统默认返回 JSON 格式的数据，如果需要返回 xml，可以显示指定返回的格式。编辑 Application/Home/Controller/IndexController.class.php 的 index 方法，代码如下：

```
public function index()
{
$data = array(
    'status' => 1,
    'data' => 'data'
);
$this->ajaxReturn($data, 'xml');
}
```

访问 http://localhost/chapter-4/home/index/index，输出以下数据：

```
<?xml version="1.0" encoding="utf-8"?>
<think>
<status>1</status>
<data>data</data>
</think>
```

可能有的读者会有疑问，为什么会有"think"呢？其实是因为 xml 规定 xml 文档有且仅有一个根元素。

## 4.8 重定向和页面跳转

### 4.8.1 重定向

在访问受保护的地址时，需要检测登录，如果用户未登录则直接跳转登录页面，此时需要用到重定向。ThinkPHP 重定向的方法名为 redirect，该方法为 Cntroller 的成员方法，需要在控制器中才能调用。

编辑 Application/Home/Controller/IndexController.class.php，代码如下：

```php
<?php
namespace Home\Controller;

use Think\Controller;

class IndexController extends Controller
{
public function index()
{
    $this->redirect('login');
}

public function bind($id = 1)
{
    echo U('Blog/view', array('id' => 1), 'shtml');
}

public function login()
{
    echo '这是登录页';
}
}
```

浏览器访问 http://localhost/chapter-4/home/index/index，会发现浏览器自动跳转到 http://localhost/chapter-4/home/index/login 了。

redirect 的第一个参数为 URL 地址表达式，第二个参数为 URL 变量，第三个参数为延迟时间，第四个参数为提示消息。

值得注意的是，ThinkPHP 还内置一个 redirect 函数，该函数接收三个参数，第一个参数为 URL 地址，第二个参数为延迟时间，第三个参数为消息提示。与控制器 redirect 方法的区别是，redirect 函数的第一个参数是一个独立的 URL 地址，系统不会对其做任何处理，而控制器的 redirect 方法第一个参数是 URL 地址表达式，ThinkPHP 会根据 URL_MODEL 生成相应的 URL。

### 4.8.2 页面跳转

在开发中，经常遇到一些带有信息提示的跳转页面，例如"充值成功，3 秒后返回订单页"

这种需求。ThinkPHP 内置 success 和 error 方法来实现页面跳转。

编辑 Application/Home/Controller/IndexController.class.php，代码如下：

```php
<?php
namespace Home\Controller;

use Think\Controller;

class IndexController extends Controller
{
public function index()
{
    $data = array(
        'status' => 1,
        'data' => 'data'
    );
    $this->ajaxReturn($data, 'xml');
}

public function bind($id = 1)
{
    echo U('Blog/view', array('id' => 1), 'shtml');
}

public function buy()
{
    $this->success('购买成功,1秒后跳转首页', U('index'));
}
}
```

浏览器访问 http://localhost/chapter-4/Home/Index/buy，可以得到如图 4-1 所示结果。

图 4-1

success 和 error 方法的第一个参数表示提示信息，第二个参数表示跳转地址（建议用 U 方法生成），第三个参数是跳转时间（单位为秒），例如：

$this->success('操作成功，3 秒后返回首页',U('index'),3);

$this->error('您尚未登录，1 秒后返回登录页',U('User/login'),1);

如果跳转地址为空，success 默认跳转 $_SERVER["HTTP_REFERER"]，error 默认跳转 javascript:history.back(-1);。

success 的默认跳转延迟时间为 1 秒，error 方法为 3 秒。

和 redirect 方法不同的是，success 和 error 方法都可以使用模板，而 redirect 方法只能输出字符串，success 和 error 默认的模板文件地址为 THINK_PATH . 'Tpl/dispatch_jump.tpl'，success 方法可以配置"TMPL_ACTION_SUCCESS"改变模板地址，error 方法可以配置"TMPL_ACTION_ERROR"改变模板地址。

## 4.9 HTTP 请求方法

很多情况下，需要判断当前 HTTP 请求方法是否为 GET、POST、PUT 或 DELETE，以此对同一个 URL 地址针对不同的请求方法来实现不同的响应。ThinkPHP 内置了一些常量用来判断请求方法，如表 4-1 所示。

表 4-1

| 常量名称 | 值类型 | 备注 |
| --- | --- | --- |
| IS_GET | 布尔型 | 是否 GET 方法 |
| IS_POST | 布尔型 | 是否 POST 方法 |
| IS_PUT | 布尔型 | 是否 PUT 方法 |
| IS_DELETE | 布尔型 | 是否 DELETE 方法 |
| IS_AJAX | 布尔型 | 是否为 Ajax 请求 |
| REQUEST_METHOD | 字符串 | 当前请求方法 |

编辑 Application/Home/Controller/IndexController.class.php 方法，代码如下：

```
<?php
namespace Home\Controller;

use Think\Controller;

class IndexController extends Controller
{
public function index()
```

```php
{
    $this->redirect('login', 'role=admin', 3, '请登录');
}

public function bind($id = 1)
{
    echo U('Blog/view', array('id' => 1), 'shtml');
}

public function login()
{
    if (IS_POST)
    {
        echo '当前为POST请求方法，需要处理登录逻辑';
    }
    else if (IS_GET)
    {
        echo '当前为空GET请求方法，需要显示登录页面';
    }
    else
    {
        echo '非法请求';
    }
}
}
```

打开浏览器访问 http://localhost/chapter-4/Home/Index/login，输出"当前为空 GET 请求方法，需要显示登录页面"。

如何测试 POST 请求呢？这里使用表单来进行处理，在 chapter-4 的根目录下新建 post.html，代码如下：

```html
<!DOCTYPE html>
<html lang="en">
<head>
<meta charset="UTF-8">
<title>Post</title>
</head>
<body>
<form action="http://localhost/thinkphp-inaction/chapter-4/Home/Index/login" method="post">
    <button>提交</button>
```

```
</form>
</body>
</html>
```

打开浏览器访问 http://localhost/chapter-4/post.html，点击"提交"按钮，输出"当前为 POST 请求方法，需要处理登录逻辑"，如此便实现了"相同 URL 根据不同请求方法实现不同响应"的功能。

## 4.10 读取输入

在实际开发过程中，存在一条黄金守则"永远不要相信用户的输入"，需要经常读取系统变量或者用户提交的数据，这些数据是不受信任的，很容易引起安全隐患，如果利用好 ThinkPHP 提供的变量输入功能，就可以避免这种问题了。

传统的变量读取方式：

```
$id = $_GET['id'];
$username = $_POST['username'];
$uid = $_SESSION['user_id'];
$cookie = $_COOKIE['cookie'];
$host = $_SERVER['HTTP_HOST'];
```

ThinkPHP 框架中使用"I"函数进行变量的获取和过滤，函数定义如下：
I('变量来源.变量名/修饰符',['默认值'],['过滤方法'],['额外数据源'])
变量来源指变量的来源数组，如来源于$_GET、$_POST，完整来源定义如表 4-2 所示。

表 4-2

| 来源 | 说明 |
| --- | --- |
| get | $_GET |
| post | $_POST |
| param | 自动判断$_GET、$_POST 和$_PUT |
| request | $_REQUEST |
| put | $_PUT |
| session | $_SESSION |
| cookie | $_COOKIE |
| server | $_SERVER |
| globals | $_GLOBALS |
| path | 获取 PATHINFO 模式的 URL 参数 |
| data | 获取其他类型的参数，需要配合额外数据源 |

变量来源不区分大小写，变量名区分大小写。

以 POST 为例，说明 I 函数的使用：

```
echo I('post.username'); //等效于 echo $_POST['username'];
```

### 1. 默认值

```
echo I('post.username','admin');//如果$_POST['username']为空，则输出
"admin"
```

### 2. 过滤方法

```
echo I('post.username','','htmlspecialchars');//等效于 echo
htmlspecialchars(empty($_POST['username'])?'': $_POST['username'])
```

I 函数支持获取整个变量数组，如：I('post.') 等效于 $_POST。

如果在调用 I 函数时没有指定过滤方法，系统会采用配置 "DEFAULT_FILTER" 的值（默认为 htmlspecialchars）作为函数进行过滤，该参数支持多个过滤函数，例如：

"DEFAULT_FILTER" =>'strip_tags, htmlspecialchars'

I('post.username')等效于 htmlspecialchars(strip_tags($_POST['username']))，请注意函数调用顺序。

I 函数的第三个参数如果传入的是函数名，则使用该函数对变量进行操作并返回操作结果（如果变量是数组，则使用 array_map 进行处理），否则调用 PHP 内置的 filter_var 方法进行处理，例如：I('post.email','',FILTER_VALIDATE_EMAIL)等效于 filter_var($_POST['email'],FILTER_VALIDATE_EMAIL)。

### 3. 正则过滤

```
I('post.username','','/^[A-Za-z0-9]+$/');
```

如果正则匹配失败，返回默认值。

### 4. 不进行任何过滤

某些情况下，不希望开启过滤功能，比如 CMS 系统中的文章内容，该内容由富文本编辑器生成，带有 HTML 标记，如果不做任何处理，该值会被 ThinkPHP 进行 htmlspecialchars 处理。使用 I('post.content','',false)来关闭过滤方法处理。

### 5. 变量修饰符

在需要指定变量值的格式时，可以使用变量修饰符，可用修饰符如表 4-3 所示。

表 4-3

| 修饰符 | 说明 |
| --- | --- |
| s | 强制转换为字符串 |
| d | 强制转换为整型 |
| b | 强制转换为布尔型 |
| a | 强制转换为数组 |
| f | 强制转换为浮点型 |

使用方法如下：

```
I('post.username/s');//强制转换 username 为字符串
I('post.uid/d');//强制转换 uid 为整型
```

## 4.11 空操作

当 ThinkPHP 找不到请求的操作时，会执行_empty 方法，利用该机制，可以实现错误页面和一些 URL 优化。

本例使用空操作来实现一个用户预览的功能，新建 Application/Home/Controller/UserController.class.php，代码如下：

```php
<?php
/**
 * Project: thinkphp-inaction
 * User: xialeistudio<1065890063@qq.com>
 * Date: 2016-02-18
 */
namespace Home\Controller;

use Think\Controller;

class UserController extends Controller
{
    public function _empty($name)
    {
        $this->view($name);
    }
```

```
    private function view($name)
    {
        echo 'name:'.$name;
    }
}
```

浏览器访问 http://localhost/chapter-4/Home/User/zhangsan，输出"name:zhangsan"。

执行流程如下：

（1）准备执行 Home/Controller/UserController.class.php 的 zhangsan 方法；

（2）对应 zhangsan 方法不存在，执行 UserController.class.php 的_empty 方法，并将 zhangsan 作为$name 传入；

（3）调用 UserController 的 view 方法，输出"name:zhangsan"。

## 4.12 空控制器

当 ThinkPHP 查找不到对应的控制器文件的时间，会尝试请求空控制器 EmptyController，与空操作类似，也可以用该机制定制错误页面和 URL 优化。

编辑 Application/Home/Controller/EmptyController.class.php，代码如下：

```
<?php
/**
 * Project: thinkphp-inaction
 * User: xialeistudio<1065890063@qq.com>
 * Date: 2016-02-18
 */
namespace Home\Controller;

use Think\Controller;

class EmptyController extends Controller
{
    public function index()
    {
        $name = CONTROLLER_NAME;
        $this->view($name);
    }
```

```
private function view($name)
{
    echo 'name:' . $name;
}
}
```

浏览器访问 http://localhost/chapter-4/Home/zhangsan，输出"name:Zhangsan"，首字母自动大写了，这是 ThinkPHP 的 Controller 命名规范。

注意：CONTROLLER_NAME 是 ThinkPHP 内置常量，指当前请求的控制器名称。

## 4.13 小结

本章需要掌握的内容：

- 伪静态
- URL 大小写
- URL 生成
- Ajax 返回
- 重定向和页面跳转
- 读取输入
- HTTP 请求方法

本章需要扩展的内容：

- 前置和后置操作
- 动作参数绑定
- 空操作
- 空控制器

# 第 5 章 ◀模 型▶

ThinkPHP 中基础模型类为 Think\Model 类，该类完成了基本的 CURD、ActiveRecord 操作。

## 5.1 准备工作

在 Web 目录下新建 chapter-5 文件夹，新建入口文件并完成初始化。
编辑 Application/Common/Conf/config.php，代码如下：

```php
<?php
return array(
//'配置项'=>'配置值'
'DB_TYPE' => 'pdo',//数据库连接类型
'DB_HOST' => 'localhost',//数据库主机
'DB_PORT' => 3306,//数据库端口
'DB_USER' => 'root',//数据库用户名
'DB_PWD' => 'root',//数据库密码
'DB_NAME' => 'thinkphp_inaction',//数据库名称
'DB_PREFIX' => 'c5_'//数据表前缀
);
```

请根据实际情况调整参数。

在本地数据库添加 think_inaction 库，并执行以下 SQL 建立示例数据表：

```sql
CREATE TABLE `c5_user` (
  `id` int(11) NOT NULL AUTO_INCREMENT,
  `username` varchar(40) NOT NULL,
  `password` char(32) NOT NULL,
  PRIMARY KEY (`id`),
```

```
    KEY `username` (`username`) USING BTREE
) ENGINE=MyISAM DEFAULT CHARSET=utf8;
```

## 5.2 模型定义

模型类不是必须定义的，只有当存在额外的逻辑或者属性时才需要定义，一般情况下，使用 ThinkPHP 提供的 Model 类已经可以完成大部分需求。

ThinkPHP 约定的模型命名规则是去除表前缀的数据表名称，使用首字母大写的驼峰命名法，然后加上 Model，例如（假设表前缀为 think_）：

- 数据表名称为"think_user"，去除表前缀后为"user"，首字母大写并且驼峰命名后"User"，加上 Model 后"UserModel"，所以"think_user"对应的模型名称为"UserModel"。
- 数据表名称为"think_user_money"，去除表前缀后为"user_money"，首字母大写并且驼峰命名后"UserMoney"，加上 Model 后"UserMoneyModel"，所以"think_user_money"对应的模型名称为"UserMoneyModel"。

如果需要自定义模型，继承 Think/Model 即可。

## 5.3 模型实例化

根据不同的模型定义，实例化的方法也不同，大致有以下方法：new 实例化、M 函数实例化、D 函数实例化和空模型实例化。

### 5.3.1 new 实例化

模型类本质也是 PHP 的类，所以可以直接 new 实例化。

以"think_user"为例，可以使用以下代码实例化：

```
$user = new Model('User');
```

Model 类的构造方法有三个参数：去除表前缀的数据表名称，表前缀，连接配置。如果数据表没有表前缀，传入"null"即可，连接配置格式如下：

```
$connection = array(
    //'配置项'=>'配置值'
```

```
'DB_TYPE'   => 'mysql',
'DB_HOST'   => 'localhost',
'DB_PORT'   => 3306,
'DB_USER'   => 'root',
'DB_PWD'    => 'root',
'DB_NAME'   => 'think_inaction',
'DB_PREFIX' => 'c5_'
);
```

### 5.3.2 M 函数实例化

M 函数是 ThinkPHP 内置的快捷函数,该方法接收的参数与 Model 类的构造方法相同,返回值为实例化后的模型对象。

### 5.3.3 D 函数实例化

D 函数是 ThinkPHP 内置的快捷函数,与 M 函数最大的区别在于 D 函数可以自动检测模型类,如果存在指定模型类,则实例化该模型类,否则实例化"Think\Model"类,而 M 函数只会实例化"Think\Model"类。

### 5.3.4 空模型实例化

如果只需要执行 SQL,不需要其他操作的话,可以实例化一个空模型类,例如:

```
$m = new Model(); //等效于$m = M();
$data = $m->query('SELECT * FROM c5_user');
print_r($data);
```

## 5.4 连贯操作

说到 ThinkPHP,不得不提到它的"连贯操作"功能,连贯操作可以有效地提高代码质量以及开发效率。比如要查询 User 模型中 status 为 1 的前 10 条记录,并且按照时间倒序排序,只需要如下代码即可。

```
$user = M('User');
$list = $user->where('status=1')->order('create_time desc')->limit(10)->select();
```

该代码的 where、order、limit 就是连贯操作方法，查看这些方法的源代码发现，他们在方法的最后都返回了当前模型，所以这是连贯操作的核心，由于 select 最终返回的是数据集，所以不是连贯操作方法。

连贯操作方法是没有先后顺序的。

ThinkPHP 支持的连贯操作方法如表 5-1 所示。

表 5-1

| 操作方法 | 说明 | 参数类型 |
| --- | --- | --- |
| where | 查询或者更新的限定条件 | 字符串、数组或对象 |
| table | 要操作的表名称 | 字符串、数组 |
| alias | 数据表别名 | 字符串 |
| data | 插入或者更新的数据对象 | 对象或数组 |
| field | 要查询的字段（同 select） | 字符串或数组 |
| order | 对结果集排序 | 字符串或数组 |
| limit | 限制结果集数量 | 字符串或数字 |
| page | 用于查询分页 | 字符串或数字 |
| group | 同 group | 字符串 |
| having | 同 having | 字符串 |
| join | 同 join | 字符串或数组 |
| union | 同 union | 字符串、数组或对象 |
| distinct | 同 distinct | 布尔值 |
| lock | 数据库锁机制 | 布尔值 |
| cache | 查询缓存 | 多个参数 |
| relation | 关联查询（需要关联模型） | 字符串或布尔值 |
| result | 用于返回数据转换 | 字符串 |
| validate | 用于数据自动验证 | 数组 |
| auto | 用于数据自动完成 | 数组 |
| filter | 用户数据自动过滤 | 字符串 |
| scope | 命名范围 | 字符串或数组 |
| bind | 数据绑定操作 | 数组或多个参数 |
| token | 令牌验证 | 布尔值 |
| comment | SQL 注释 | 字符串 |
| index | 数据集的强制索引 | 字符串 |
| strict | 数据入库的严格检测 | 布尔值 |

## 5.4.1 where

Where 方法支持字符串、数组和对象，但是不推荐使用对象。

### 1. 字符串条件

```
$user = M('User');
$data = $user->where('admin=1 and status=1')->select();
```

如果需要使用变量时，请使用如下代码进行查询，可有效防止 SQL 注入攻击：

```
$user->where("admin=%d AND status=%d AND username='%s'",$admin,$status,$username)->select();
```

2. 数组条件

普通查询：

```
$condition = array(
'username'=>'admin',
'status'=>1
);
$user = M('User');
$user->where($condition)->select();
```

模糊搜索查询：

```
$condition['username'] = array('like','%'.$username.'%');
$user = M('User');
$user->where($condition)->select();
```

## 5.4.2　table

如果按照 ThinkPHP 的约定命名数据表、生成模型的话，系统会自动识别模型对应的数据表，table 方法似乎没有用武之地。实际上，table 方法设计的初衷是为了支付多表操作以及切换操作的数据表。

```
$m = M();
$m->table('think_user')->where('admin=1 and status=1')->select();
```

## 5.4.3　alias

alias 用于设置当前数据表的别名，便于使用其他的连贯操作，例如 join 方法等。

有如下代码：

```
$model = M('User');
$model->alias('a')->join('__DEPT__ b ON b.user_id= a.id')->select();
```

以上代码最终生成的 SQL 如下：

```
SELECT * FROM think_user a INNER JOIN think_dept b ON b.user_id=a.id;
```

### 5.4.4 data

data 方法用来设置当前模型需要操作的数据。

有如下代码：

```
$model = M('User');
$data = array(
'username'=>'zhangsan',
'password'=>'111111'
);
$model->add($data);
```

执行结果会报错，因为未经过$model->create 方法处理过的数据，ThinkPHP 不能直接使用。所以以上代码更改为如下代码即可：

```
$model = M('User');
$data = array(
'username'=>'zhangsan',
'password'=>'111111'
);
$model->create($data);
$model->add($data);
```

而使用 data 方法的话就没有这么麻烦，代码如下：

```
$data = array(
'username'=>'zhangsan',
'password'=>'111111'
);
M('User')->data($data)->add();
```

### 5.4.5 field

field 用来选择需要返回的字段，减少数据库和网络开销。

有如下代码：

```
$model = M('User');
$model->field('id,title,content')->select();
```

以上代码生成的 SQL 语句如下：

```
SELECT id,title,content FROM think_user;
```

 field 的方法和 SQL 语句中"SELECT (xxx) FROM"中"(xxx)"语法是一致的，可以使用 SQL 函数如 count，可以设置别名 title as t 等。

### 1. 字段排除

如果需要获取排除数据表中的 content 字段之外的所有字段，可以使用 field 方法的排除功能，代码如下：

```
$model = M('User');
$model->field('content',true)->select();
```

系统在生成 SQL 时就不会选择 content 字段。

如果需要排除多个字段，field 也可以实现，代码如下：

```
$model = M('User');
$model->field('title,content',true)->select();
```

### 2. 安全写入

field 在写入的时候也起到安全过滤的作用，比如编辑用户时我只允许更改 nickname 和 password 两个字段，不管前端提交了什么字段，都只有这两个字段会被 ThinkPHP 写入数据库，代码如下：

```
$data = $_POST['user'];
$model = M('User');
$model->field('nickname,password')->save($data);
```

请注意：save 方法返回该方法影响的数据条数，如果一条都没受影响，返回 0；如果 SQL 语句执行失败，则返回 false。所以在判断 save 方法的执行结果时，请使用 "===" 判断，不要使用 "!" 判断。

## 5.4.6 order

order 方法用来对结果集进行排序。

比如需要查询积分最多的 5 个用户按照积分高低排序，则可以使用以下代码：

```
$model = M('User');
$model->order('score desc')->limit(5)->select();
```

以上代码最终生成的 SQL 如下：

```
SELECT * FROM think_user ORDER BY score desc LIMIT 5;
```

order 也支持对多个字段排序，代码如下

```
$model = M('User');
$model->order('score desc,status desc')->limit(5)->select();
```

以上代码最终生成的 SQL 如下：

```
SELECT * FROM think_user ORDER BY score desc,status desc LIMIT 5;
```

注意：如果字段名和数据库关键字有冲突，可以使用数组方法调用 order，代码如下：

```
$model = M('User');
$model->order(array('score'=>'desc','status'=>'desc'))->limit(5)->select();
```

以上代码最终生成的 SQL 如下：

```
SELECT * FROM think_user ORDER BY score desc,status desc LIMIT 5;
```

## 5.4.7 limit

limit 方法用来限制返回的结果集数量，在分页查询时用的很多。

### 1. 限制结果集数量

```
$model = M('User');
$model->limit(10)->select();
```

以上代码最终生成的 SQL 如下：

```
SELECT * FROM think_user LIMIT 10;
```

limit 方法也可以用于写入操作，假设需要更新积分大于 100 的最多 3 个用户等级为 A，代码如下：

```
$model = M('User');
$model->where('score>100')->limit(3)->save(array('level'=>'A'));
```

以上代码最终生成的 SQL 如下：

```
UPDATE think_user SET level='A' WHERE score>100 LIMIT 3;
```

### 2. 分页查询

limit 最常用的场合就是分页查询了，代码如下：

```
$model = M('User');
$model->limit('0,10')->select();
```

以上代码最终生成的 SQL 如下：

```
SELECT * FROM think_user LIMIT 0,10;
```

## 5.4.8 page

page 方法是 ThinkPHP 特地为分页操作声明的一个方法。

我们知道，limit 可以用来分页，但是如果需要精确查询指定页数的数据，则需要先计算偏移量再来查询数据库。而使用 page 方法就方便了很多，代码如下：

```
$model = M('User');
$model->page(1,10)->select();//查询第一页的10条数据
$model->page(2,10)->seledct();//查询第二页的10条数据
```

## 5.4.9 group

group 方法用来对结果集进行分组，通常集合 SQL 统计函数进行操作。

比如需要获得每个用户发表的文章总数就可以使用 group，代码如下：

```
$model = M('Article');
$model->select('COUNT(*) AS c')->group('user_id')->select();
```

以上代码最终生成的 SQL 如下：

```
SELECT COUNT(*) AS c FROM think_article GROUP BY user_id;
```

## 5.4.10 having

having 方法用于筛选经过 group 分组之后且满足条件的数据集。

比如需要获得发表文章数量大于 3 的用户列表，代码如下：

```
$model = M('Article');
$model->select('COUNT(*) AS c')->group('user_id')->having('c>3')->select();
```

以上代码最终生成的 SQL 语句如下：

```
SELECT COUNT(*) AS c FROM think_article GROUP BY user_id having c>3;
```

## 5.4.11 join

join 用来进行连表查询。

join 有以下类型：

- INNER JOIN: 左表和右表都存在匹配行则返回该行，否则返回空。
- LEFT JOIN: 左表有匹配行则返回该行，右表的所有字段也返回，但是如果右表值为空的话，右表所有字段值为空。
- RIGHT JOIN: 右表中有匹配行则返回该行，左表的所有字段也返回，但是如果左表值为空的话，左表所有字段值为空。

- FULL JOIN: 只要有一个表中存在匹配，则返回该行。

比如需要查询 id 为 1 的文章以及作者，代码如下：

```
$model = M('Article');
$model->join('INNER JOIN think_article ON think_article.user_id= think_user.user_id')->where('think_article.id=1')->select();
```

以上代码最终生成的 SQL 如下：

```
SELECT * FROM think_article INNER JOIN ON think_article.user_id= think_user.user_id WHERE think_article.id=1
```

如果需要连接多个表，多次调用 join 即可。

### 5.4.12 union

union 用于合并两个或以上 SELECT 语句的结果集。

数据量很大的时候往往会采取分表策略，如 think_user_1、think_user_2 等。

假设需要从 think_user_1 和 think_user_2 中取得 name 字段，代码如下：

```
$model = M('User_1');
$model->field('name')
->union('SELECT name FROM think_user_2')
->select();
```

以上代码最终生成的 SQL 如下：

```
SELECT name FROM think_user_1 UNION SELECT name FROM think_user_2;
```

### 5.4.13 distinct

distinct 方法用于返回唯一不同的值。

假设 name 有重名的时候只返回不重名的记录，代码如下：

```
$model = M('User');
$model->distinct(true)->field('name')->select();
```

以上代码最终生成的 SQL 语句为：

```
SELECT DINSTINCT name FROM think_user;
```

### 5.4.14 lock

lock 方法用于数据库锁，在进行事务处理的时候会用到。

假设一个商城系统有一个 good 表，该表有一个 remain（库存）字段，需要在抢购时实时更新，此时就需要用到锁来保证互斥操作。

```
$model = M('Good');
//开启事务
$data = $model->lock(true)->where('id=1')->find();
//数据处理
//提交事务
```

以上代码生成的关键 SQL 如下：

```
SELECT * FROM think_good WHERE id=1 FOR UPDATE;
```

"FOR UPDATE"由 ThinkPHP 自动加上，用来保证互斥写入。

### 5.4.15　cache

cache 用来从缓存中读取数据，使用 cache 方法后，在缓存有效期内不会从数据库查询，而是直接返回缓存中的数据。缓存的详细设置，在以后的章节会提到。

假设需要查询 id 为 5 的用户数据，且缓存，代码如下：

```
$model = M('User');
$model->where('id=5')->cache(true)->find();
```

以上代码执行流程如下：

（1）ThinkPHP 从缓存查询有无数据，如果有，直接返回该数据，否则继续执行。
（2）根据条件查询数据库。
（3）将第 2 步的结果写入缓存并返回。

默认情况下，缓存有效期和缓存类型是由 DATA_CACHE_TIME 和 DATA_CACHE_TYPE 配置参数决定的，但 cache 方法可以单独指定，代码如下：

```
$model = M('User');
$model->cache(true,60,'xcache')->find();
```

以上代码表示对结果集使用 xcache 缓存，有效期为 60 秒。

### 5.4.16　fetchSql

fetchSql 方法直接返回生成的 SQL 而不是数据，也不执行数据库查询。
有如下代码：

```
$sql = M('User')->fetchSql(true)->find();
```

以上代码会输出"SELECT * FROM think_user LIMIT 1"。

### 5.4.17 strict

strict 用于设置数据写入和查询是否严格检查，是否存在字段。默认情况下不合法数据字段自动删除，如果设置了严格检查，则会抛出异常。代码如下：

```
$model = M('User');
$model->strict(true)->add($data);
```

如果$data 中键名在数据库中没有对应的字段，ThinkPHP 会抛出异常。

### 5.4.18 index

index 方法用于设置查询的强制索引，代码如下：

```
$model = M('User');
$model->index('username')->select();
```

注意：username 为索引名称，不是字段名。

## 5.5 CURD 操作

谈到数据库操作不得不说下经典的"CURD 操作"，这是任何一个涉及数据库操作的框架需要面对的问题。

何谓 CURD？

- C：create，插入数据。
- U：update，更新数据。
- R：read，读取数据。
- D：delete，删除数据。

对于数据库的操作主要是以上几种操作。

### 5.5.1 创建数据

ThinkPHP 可以快速地创建数据对象，最典型的场景是自动根据表单 POST 数据创建数据对象。

代码如下：

```
$user = M('User');
$user->create();//该代码会自动读取POST中的数据
```

create 方法也支持从数组创建数据对象，代码如下：

```
$data = array(
'username'=>'zhangsan',
'password'=>'111111'
);
$model = M('User');
$model->create($data);
```

create 方法的第二个参数用来指明当前操作类型为插入或者更新操作。默认情况下，如果提交的数据对象中有主键，ThinkPHP 则认为当前操作为更新操作。

操作类型由 ThinkPHP 的 Model 常量指定：

- Model::MODEL_INSERT 为 1，插入操作。
- Model::MODEL_UPDATE 为 2，更新操作。

注意：create 操作产生的数据并没有真正写入数据库，而是在调用 add 或者 save 方法之后才会操作数据库。

### 5.5.2 插入数据

ThinkPHP 插入数据使用 add 方法，代码如下：

```
$data = array(
'username'=>'zhangsan',
'password'=>'111111'
);
M('User')->create($data)->add();
```

### 5.5.3 读取数据

ThinkPHP 可以读取字段值、单条数据、数据集。

#### 1. 读取字段值

使用 getField 方法，假设需要获得 id 为 3 的用户的积分，代码如下：

```
$model = M('User');
$score = $model->where('id=3')->getField('score');
```

如果需要返回整列数据，而不是第一列的数据，代码如下：

```
$model = M('User');
$scores = $model->where('score>100')->getField('id',true);
```

返回的结果类似于 array(1,2,3,5,6)。

### 2. 读取单条数据

使用 find 方法，如果传入参数，ThinkPHP 会根据主键匹配传入的值。

假设需要查询 id 为 1 的用户数据，代码如下：

方式 1：

```
$model = M('User');
$model->find(1);
```

方式 2：

```
$model = M('User');
$model->where('id = 1')->find();
```

### 3. 读取数据集

使用 select 方法，用来返回匹配的数据行。

假设需要查询积分大于 100 的所有用户，代码如下：

```
$model = M('User');
$model->where('score >100')->select();
```

## 5.5.4 更新数据

ThinkPHP 的数据更新包括更新记录和更新字段。

### 1. 更新记录

使用 save 方法，代码如下：

```
$data = array(
'nickname'=>'hehe'
);
$model = M('User');
$model->create($data);
$model->where('id = 1')->save($data);
```

注意：

- 为了保证数据库的安全，避免出错，更新整个数据表，如果没有任何更新条件，数据对象本身也不包含主键字段的话，save 方法不会更新任何数据库的记录。
- save 方法返回受影响的行数，如果为 0 则没有更新一条记录，如果为 false 则证明执行过程中出错，所以在判断执行结果时请使用"==="判断是否为 false。

### 2. 更新字段

更新字段使用 setField 方法，参数为（字段名，字段值）。

假设需要更新 id 为 1 的用户 score 为 100，代码如下：

```
$model = M('User');
$model->where('id=1')->setField('score',100);
```

如果需要更新统计字段，如积分减 100、点击数加 1，可以使用 ThinkPHP 提供的 setDec 和 setInc 方法，举例如下。

id 为 1 的用户积分减 100，代码如下：

```
$model = M('User');
$model->where('id=1')->setDec('score',100);
```

id 为 1 的文章点击数加 1，代码如下：

```
$model = M('Article');
$model->where('id=1')->setInc('views',1);
```

### 5.5.5 删除数据

使用 delete 方法。

假设需要删除 id 为 1 的文章（id 为主键），代码如下：

```
$model = M('Article');
$model->delete(1);
```

或者：

```
$model = M('Article');
$model->where('id=1')->delete();
```

delete 方法返回值同 save 方法。

为了避免错删数据，如果没有传入任何条件进行删除操作的话，不会执行删除操作。

delete 方法支持 order 和 limit 操作。

假设需要删除 score 排名前 5 的用户数据，代码如下：

```
$model = M('User');
$model->order('score desc')->limit(5)->delete();
```

## 5.6 查询语言

### 5.6.1 查询方式

ThinkPHP 支持字符串查询、数组查询、对象查询三种查询方法，笔者常用数组查询方式。

#### 1. 字符串查询方式

这是最传统的方式，但是有 SQL 注入风险，不推荐使用。
假设需要查询 id 为 1 的用户数据，代码如下：

```
$model = M('User');
$model->where('id=1')->find();
```

#### 2. 数组查询方式

假设需要查询 id 为 1 的用户数据，代码如下：

```
$condition['id']=1;
$model = M('User');
$model->where($condition)->find();
```

#### 3. 对象查询方式

本文以 stdClass 为例查询 id 为 1 的用户数据，代码如下：

```
$confition = new stdClass();
$condition->id=1;
$model = M('User');
$model->where($condition)->find();
```

 在使用数组和对象方式查询的时候，如果传入了不存在的查询字段是会被自动过滤的。

### 5.6.2 表达式查询

ThinkPHP 使用表达式查询可以支持更多的 SQL 查询语法，如大于、小于等，查询表达式使用的一般形式为：

```
$condition['字段名'] = array('表达式','查询条件');
```

表达式不分大小写，支持的表达式查询如表 5-2 所示。

表 5-2 表达式及其含义

| 表达式 | 含义 |
| --- | --- |
| eq | 等于 |
| neq | 不等于 |
| gt | 大于 |
| egt | 大于等于 |
| lt | 小于 |
| elt | 小于等于 |
| like | 模糊查询 |
| between | 区间查询 |
| not between | 不在区间查询 |
| in | IN 查询 |
| not in | NOT IN 查询 |
| exp | 同 SQL 语法 |

表达式查询用法如下：

1. EQ

```
$condition['id'] = array('eq',1);// id = 1
```

2. NEQ

```
$condition['id'] = array('neq',1);//id <> 1
```

3. GT

```
$condition['id'] = array('gt',100);//id > 100
```

4. EGT

```
$condition['id'] = array('egt',100);//id >= 100
```

5. LT

```
$condition['id'] = array('lt',100);// id < 100
```

6. ELT

```
$condition['id'] = array('elt',100);//id <= 100
```

7. LIKE

```
$condition['name'] = array('like','zhangsan%');// name like 'zhangsan%'
```

8. BETWEEN

```
$condition['score'] = array('between',array(100,200));//score between 100 and 200
```

### 9. NOT BETWEEN

```
$condition['score'] = array('not between',array(100,200));//score not between 100 and 200
```

### 10. IN

```
$condition['level'] = array('in',array('A','B','C'));//level in ('A','B','C')
```

### 11. NOT IN

```
$condition['level'] = array('not in',array('A'));//level not in ('A')
```

### 12. EXP

```
$condition['id'] = array('exp','IN(1,2,3)');//id in (1,2,3)
```

## 5.6.3 快捷查询

快捷查询可以进一步简化查询条件的写法，用"|"表示"OR"查询，用"&"表示"AND"查询。

### 1. 不同字段相同查询条件的查询

假设需要根据手机号码或者姓名搜索用户，代码如下：

```
$model = M('User');
$condition['phone|name'] = array('like','%111%');
$model->where($condition)->select();
```

以上代码最终生成的 SQL 如下：

```
SELECT * FROM think_user WHERE phone like'%111%' OR name like '%111%'
```

### 2. 不同字段不同查询条件的查询

假设需要查询手机号码为"13666666666"且姓名为"zhangsan"的用户数据，代码如下：

```
$condition['phone&name'] = array('13666666666','zhangsan','_multi'=>true);
$model = M('User');
$model->where($condition)->select();
```

以上代码最终生成的 SQL 如下：

```
SELECT * FROM think_user WHERE phone = '13666666666' AND name = 'zhangsan'
```

注意：
- "="右边的值与左边的字段按顺序对应。
- "_multi"必须放在数组最后。

### 5.6.4 区间查询

结果表达式查询可以在一定区间内查询数据。

假设需要获取积分大于 100 且小于等于 200 的用户，代码如下：

```
$condition['score']=array(array('gt',100),array('elt',200));
```

生成的查询条件为：

```
(score>100) AND (score<=200)
```

如果需要为"OR"查询，代码如下：

```
$condition['score']=array(array('gt',100),array('elt',200),'or');
```

生成的代码如下：

```
(score>100) OR (score<=200)
```

### 5.6.5 统计查询

count、max、min、avg、sum 等 SQL 统计函数在 ThinkPHP 中有对应的快捷函数。用法如下：

**1. count**

获取记录条数：

```
$count = $model->count();//同 COUNT(*)
```

或者根据字段统计，代码如下：

```
$count = $model->count('id');//同 COUNT(id)
```

**2. max**

获取最大值：

```
$max = $model->max('score');//同 MAX(score)
```

**3. min**

获取最小值：

```
$min = $model->min('score');//同 MIN(score)
```

### 4. avg

获取平均值:

```
$min = $model->avg('score');//同 AVG(score)
```

### 5. sum

获取算术和:

```
$min = $model->sum('score');//同 SUM(score)
```

### 6. SQL 查询

虽然 ThinkPHP 内置的操作已经可以实现绝大部分需求,但是特殊情况下需要执行原始的 SQL 查询时,这些方法就不够用了,以下两个方法使用原始的 Db 类进行操作,不做其他处理。

- query 方法

执行读取操作,如果成功返回数据集(同 select),失败返回 false。

读取 id 为 1 的用户数据,代码如下:

```
$model = M();
$model->query('SELECT * FROM think_user WHERE id=1');
```

- execute 方法

执行写入操作(包括 INSERT INTO、UPDATE、DELETE),执行成功返回受影响的行数,失败则返回 false。

更新 id 为 1 的用户 nickname 为 "hehe",代码如下:

```
$model = M();
$model->execute("UPDATE think_user SET nickname='hehe' WHERE id = 1");
```

## 5.7 自动验证

自动验证是 ThinkPHP 模型层提供的一种数据验证方法,可以在使用 create 创建数据对象的时候进行数据验证。

数据验证有两种方式:

- 静态方式: 在模型类中通过$_validate 定义。
- 动态方式: 使用模型类的 validate 方法。

## 1. 验证规则

验证规则如下：

```
array(
array(字段名，验证规则，错误提示，[验证条件，附加规则，验证场景])
);
```

- 字段名：需要验证的表单字段名称，这个字段不一定是数据库字段，也可以是表单的一些辅助字段，例如确认密码和验证码等。在个别验证规则和字段无关的情况下，验证字段是可以随意设置的，例如 expire 有效期规则是和表单字段无关的。如果定义了字段映射的话，这里的验证字段名称应该是实际的数据表字段而不是表单字段。
- 验证规则：要进行验证的规则，需要结合附加规则，如果在使用正则验证的附加规则情况下，系统还内置了一些常用正则验证的规则，可以直接作为验证规则使用，包括：require（必须）、email（邮箱）、url（URL 地址）、currency（货币）、number（数字）。
- 错误提示：用于验证失败后的提示信息定义。
- 验证条件：可选，如表 5-3 所示。

表 5-3

| 场景 | 说明 |
| --- | --- |
| self::EXISTS_VALIDATE 或者 0 | 存在字段就验证（默认） |
| self::MUST_VALIDATE 或者 1 | 必须验证 |
| self::VALUE_VALIDATE 或者 2 | 值不为空的时候验证 |

- 附加规则：可选，如表 5-4 所示。

表 5-4

| 规则 | 说明 |
| --- | --- |
| regex | 正则验证，定义的验证规则是一个正则表达式（默认） |
| function | 函数验证，定义的验证规则是一个函数名（系统内置或自定义函数） |
| callback | 回调验证，定义的验证规则是当前模型类的成员方法 |
| confirm | 验证两个字段是否相同，验证规则为字段 |
| equal | 相等验证，验证规则为需要匹配的值 |
| noteequal | 不等验证，验证规则为需要匹配的值 |
| in | 验证在一个集合内，验证规则为数组或逗号分隔的字符串 |
| notin | 验证不在一个集合内，验证规则同 in |
| length | 长度验证，验证规则为数字或者字符串，如长度范围 "1,10" |
| between | 验证在某个范围，验证规则为数组或字符串，如[1,10]或 "1,10" |
| notbewteen | 验证不在某范围，验证规则同 between |
| expire | 验证是否在有效期，验证规则表示时间范围，可以使用时间字符串或时间戳 |
| ip_allow | 验证 ip 是否允许，验证规则表示允许的地址列表，如 "192.168.1.1,192.168.1.254" |
| ip_deny | 验证 ip 是否禁止，验证规则同 ip_allow |
| unique | 字段唯一 |

- 验证场景：可选，如表 5-5 所示。

表 5-5

| 场景 | 说明 |
|---|---|
| self::MODEL_INSERT 或者 1 | 新增数据时验证 |
| self::MODEL_UPDATE 或者 2 | 编辑数据时验证 |
| self::MODEL_BOTH 或者 3 | 全部情况下验证（默认）|

可以根据实际需求自定义验证场景。

### 2. 代码测试

新建 Application/Home/Model/UserModel.class.php，代码如下：

```php
<?php
namespace Home\Model;

use Think\Model;

/**
 * Project: thinkphp-inaction
 * User: xialeistudio<1065890063@qq.com>
 * Date: 2016-03-24
 */
class UserModel extends Model
{
    private $denyUsernames = array(
        'admin',
        'administrator'
    );
    public $_validate = array(
        array('username', 'require', '用户名不能为空'),
        array('password', 'require', '密码不能为空', 1, '', 1),
        array('username', '', '用户名已存在', 0, 'unique', 1),
        array('password', '6,20', '密码长度必须在6-20', 0, 'length'),
        array('password', '/^\w{6,20}$/', '密码格式错误'),
        array('password', 'repassword', '确认密码错误', 0, 'confirm', 1),
        array('username', 'checkUsername', '用户名非法', 0, 'callback')
    );

    /**
     * 检测用户名 如果在屏蔽注册的账号中，直接报错
     * @param string $username
```

```
 * @return bool
 */
public function checkUsername($username)
{
    foreach ($this->denyUsernames as $u)
    {
        if (strpos($username, $u) !== false)
        {
            return false;
        }
    }
    return true;
}
```

接下来对所定义的验证规则一条一条进行测试。

**步骤 01** 编辑 Application/Home/Controller/IndexController.class.php 的 index 方法，代码如下：

```
$user = new UserModel();
$data = array();
if (!$user->create($data))
{
    echo $user->getError();
    exit;
}
echo 'ok';
```

打开浏览器访问 http://localhost/think-inaction/chapter-5/index.php，可以发现页面输出"非法数据对象"，因为 ThinkPHP 会对提交的数据进行 CSRF（跨站请求伪造）检测，只有本站表单提交的数据，ThinkPHP 才会认为是合法数据。这里为了自动验证，就不处理该操作，直接对数据进行处理。

**步骤 02** 编辑该文件的 index 方法，代码如下：

```
$user = new UserModel();
$data = array(
    'username' => '1'
);
if (!$user->create($data))
```

```
    {
        echo $user->getError();
        exit;
    }
    echo 'ok';
```

刷新浏览器,可以看到输出了"密码不能为空",证明第 2 条验证规则生效。

**步骤 03** 在数据库中插入一条记录,如表 5-6 所示。

表 5-6

| id | username | password |
|---|---|---|
| 1 | zhangsan | 111111 |

继续编辑 index 方法,代码如下:

```
$user = new UserModel();
$data = array(
    'username' => 'zhangsan',
    'password' => '111'
);
if (!$user->create($data))
{
    echo $user->getError();
    exit;
}
echo 'ok';
```

刷新浏览器,可以看到输出了"用户名已存在",证明第 3 条验证规则生效。

**步骤 04** 继续编辑 index 方法,代码如下:

```
$user = new UserModel();
$data = array(
    'username' => 'zhangsan11',
    'password' => '111'
);
if (!$user->create($data))
{
    echo $user->getError();
    exit;
}
```

```
echo 'ok';
```

刷新浏览器，可以看到输出了"密码长度必须在 6-20"，证明第 4 条验证规则生效。

**步骤 05** 继续编辑 index 方法，代码如下：

```
$user = new UserModel();
$data = array(
    'username' => 'zhangsan11',
    'password' => '111111!'
);
if (!$user->create($data))
{
    echo $user->getError();
    exit;
}
echo 'ok';
```

刷新浏览器，可以看到输出了"密码格式错误"，证明第 5 条验证规则生效。

**步骤 06** 继续编辑 index 方法，代码如下：

```
$user = new UserModel();
$data = array(
    'username' => 'zhangsan11',
    'password' => '111111'
);
if (!$user->create($data))
{
    echo $user->getError();
    exit;
}
echo 'ok';
```

刷新浏览器，可以看到输出了"确认密码错误"，证明第 6 条验证规则生效。第 6 条规则的意义是存在 password 字段且当前场景为插入数据库时生效。由于 $data 中不包含主键，ThinkPHP 自动判断当前场景为插入模式，所以第 6 条规则生效。解决办法是将 $data 改为如下结构：

```
$data = array(
    'username' => 'zhangsan11',
    'password' => '111111',
    'repassword' => '111111'
```

);
```

此时刷新浏览器，可以看到输出了"ok"。

**步骤 07** 第 7 条验证规则使用了回调方法进行验证，该方法为当前模型成员方法，返回 true 为通过验证，返回 false 为验证不通过。继续编辑 index 方法，代码如下：

```
$user = new UserModel();
$data = array(
    'username' => 'admin',
    'password' => '111111',
    'repassword' => '111111'
);
if (!$user->create($data))
{
    echo $user->getError();
    exit;
}
echo 'ok';
```

刷新浏览器，可以看到输出了"用户名非法"，证明第 7 条验证规则生效。

## 5.8 自动完成

自动完成是 ThinkPHP 提供用来完成数据自动处理和过滤的方法，使用 create 方法创建数据对象的时候会自动完成数据处理。

因此，在 ThinkPHP 使用 create 方法来创建数据对象是更加安全的方式，而不是直接通过 add 或者 save 方法实现数据写入。

自动完成通常用来完成默认字段写入、安全字段过滤以及业务逻辑的自动处理等，和自动验证的定义方式类似，自动完成的定义也支持静态定义和动态定义两种方式。

- 静态方式：在模型类里面通过$_auto 属性定义处理规则。
- 动态方式：使用模型类的 auto 方法动态创建自动处理规则。

### 1. 定义规则

两种方式的定义规则是一致的，一般格式为：

```
array(
    array(完成字段,完成规则,[完成条件,附加规则])
```
```

);
- 完成字段：需要自动完成的字段名。
- 完成规则：以何种规则处理该字段。
- 完成条件：可选，自动完成的执行场景，场景如表 5-7 所示。

表 5-7

| 场景 | 说明 |
| --- | --- |
| Model::MODEL_INSERT | 新增数据的时候处理（默认） |
| Model::MODEL_UPDATE | 编辑数据的时候处理 |
| Model::MODEL_BOTH | 所有情况都处理 |

- 附加规则：可选，如表 5-8 所示。

表 5-8

| 规则 | 说明 |
| --- | --- |
| function | 函数，函数定义在 functions.php 中 |
| callback | 回调方法，方法定义在当前模型类中 |
| field | 使用其他字段填充 |
| string | 字符串填充（默认） |
| ignore | 为空，则忽略 |

### 2. 代码测试

请在数据库执行以下 SQL 更改 c5_user 的表结构：

```
CREATE TABLE `c5_user` (
  `id` int(11) NOT NULL AUTO_INCREMENT,
  `username` varchar(40) NOT NULL,
  `password` char(32) NOT NULL,
  `created_at` int(10) NOT NULL,
  `updated_at` int(10) NOT NULL,
  PRIMARY KEY (`id`),
  KEY `username` (`username`) USING BTREE
) ENGINE=MyISAM AUTO_INCREMENT=2 DEFAULT CHARSET=utf8;
```

编辑 Application/Home/Model/UserModel.class.php，代码如下：

```
class UserModel extends Model
{
private $denyUsernames = array(
    'admin',
    'administrator'
```

```php
    );
    public $_validate = array(
        array('username', 'require', '用户名不能为空'),
        array('password', 'require', '密码不能为空', 1, '', 1),
        array('username', '', '用户名已存在', 0, 'unique', 1),
        array('password', '6,20', '密码长度必须在6-20', 0, 'length'),
        array('password', '/^\w{6,20}$/', '密码格式错误'),
        array('password', 'repassword', '确认密码错误', 0, 'confirm', 1),
        array('username', 'checkUsername', '用户名非法', 0, 'callback')
    );

    public $_auto = array(
        array('password', 'md5', self::MODEL_BOTH, 'function'),
        array('created_at', 'time', self::MODEL_INSERT, 'function'),
        array('updated_at','time',self::MODEL_UPDATE,'function'),
    );

    /**
     * 检测用户名 如果在屏蔽注册的账号中，直接报错
     * @param string $username
     * @return bool
     */
    public function checkUsername($username)
    {
        foreach ($this->denyUsernames as $u)
        {
            if (strpos($username, $u) !== false)
            {
                return false;
            }
        }
        return true;
    }
}
```

可以看到$_auto数组下定义了3条自动完成规则，解读如下：

- 新增或编辑的时候对密码进行md5函数加密处理。
- 新增的时候将created_at设置为当前时间戳。
- 编辑的时候将updated_at设置为当前时间戳。

编辑 Application/Home/Controller/IndexController.class.php 的 index 方法，代码如下：

```php
public function index()
{
    $user = new UserModel();
    $data = array(
        'username' => 'zhangsan',
        'password' => '111111',
        'repassword' => '111111'
    );
    if (!$user->create($data))
    {
        echo $user->getError();
        exit;
    }
    else
    {
        $id = $user->add();
        print_r($user->find($id));
    }
}
```

打开浏览器访问 http://localhost/thinkphp-inaction/chapter-5/index.php?s=/home/index/index，可以看到浏览器输出了如下数据：

```
Array
(
    [id] => 6
    [username] => zhangsan
    [password] => 96e79218965eb72c92a549dd5a330112
    [created_at] => 1460012058
    [updated_at] => 0
)
```

可以看到规则 1 和规则 2 已经成功运行了。

编辑 Application/Home/Controller/IndexController.class.php，新增 "update" 方法，代码如下：

```php
public function update()
{
    $user = new UserModel();
```

```
    $data = array(
        'id' => 6,
        'username' => 'zhangsan',
        'password' => '222222',
    );
    if (!$user->create($data))
    {
        echo $user->getError();
        exit;
    }
    else
    {
        $user->save();
        print_r($user->find(6));
    }
}
```

> **提示** "6" 是 index 方法中返回的用户 ID，请读者根据实际情况进行处理。

打开浏览器访问 http://localhost/thinkphp-inaction/chapter-5/index.php?s= /home/index/update，可以看到浏览器输出了如下数据：

```
Array
(
    [id] => 6
    [username] => zhangsan
    [password] => e3ceb5881a0a1fdaad01296d7554868d
    [created_at] => 1460012058
    [updated_at] => 1460012202
)
```

可以发现规则 1 和规则 3 成功运行了。

## 5.9 视图模型

视图一般指数据库的视图，视图是一个虚拟表，也拥有列和数据。但是，视图并不在数据库中以存储的数据值集形式存在。视图模型常用来解决 HAS_ONE 和 BELONGS_TO 类型的关联查询。

要定义视图模型,需要继承\Think\Model\ViewModel,然后配置$viewFields 属性。
在数据库执行以下 SQL:

```
CREATE TABLE `c5_post` (
  `post_id` int(10) unsigned NOT NULL AUTO_INCREMENT,
  `title` varchar(40) NOT NULL,
  `content` text NOT NULL,
  `created_at` int(10) NOT NULL,
  `updated_at` int(10) NOT NULL,
  `user_id` int(11) NOT NULL,
  PRIMARY KEY (`post_id`)
) ENGINE=MyISAM DEFAULT CHARSET=utf8;
```

"c5_post"表的"user_id"关联于"c5_user"的"id"字段,用来标识文章的发布者。
继续执行以下 SQL 向"c5_post"表插入测试数据:

```
INSERT INTO c5_post VALUE (NULL,'今天天气不错','根据有关报道,今天天气不错',0,0,6);
```

最后的 6 为用户 ID,请读者去查询"c5_user"表中的数据,将 user_id 替换。

1. 视图定义

在 Application/Home/Model 下新建 PostViewModel.class.php,代码如下:

```php
<?php
namespace Home\Model;

use Think\Model\ViewModel;

class PostViewModel extends ViewModel
{
public $viewFields = array(
    'Post' => array('post_id', 'title', 'content', 'created_at', 'updated_at'),
    'User' => array('username'=> 'author', '_on' => 'Post.user_id=User.id')
);
}
```

代码说明:

因为定义的是视图模型,所以需要继承 ViewModel,$viewFields 为数组,数组的键名为原始表模型,本例中需要将文章的作者一并查询出来,所以可以判定需要从"文章"、"用户"两个表读取数据。

数组的值为数据表的键名映射以及关联字段定义,由于"c5_user"表中的"username"是我们需要的数据,但是字段名比较敏感,这里将"username"映射为"author"字段,"_on"需要放在数组的最后,定义关联字段。

### 2. 视图查询

视图模型查询和普通模型查询本质是一致的,编辑 Application/Home/IndexController.class.php,新增"posts"方法,代码如下:

```
public function posts()
{
    $m = new PostViewModel();
    $data = $m->select();
    print_r($data);
}
```

打开浏览器,访问 http://localhost/thinkphp-inaction/chapter-5/index.php?s=/home/index/posts,可以看到浏览器输出了如下数据:

```
Array
(
    [0] => Array
        (
            [post_id] => 1
            [title] => 今天天气不错
            [content] => 根据有关报道,今天天气不错
            [created_at] => 0
            [updated_at] => 0
            [author] => zhangsan
        )
)
```

可以看到结果中有"author"字段。

其他查询同本章 5.6 节。

## 5.10 关联模型

视图模型可以解决大部分需求，但是对于诸如 HAS_MANY 之类的关系，用视图模型是不合适的，所以需要使用关联模型。

关联关系包括一对一、一对多、多对多三种，用程序的方式定义如下：

HAS_ONE、BELONGS_TO、HAS_MANY 和 MANY_TO_MANY。

要执行关联查询，模型类需要继承\Think\Model\RelationModel，并配置$_link 属性。

下面实现各个关联关系的定义方式。

### 5.10.1 HAS_ONE

HAS_ONE 表示当前模型有且仅有一个子对象，比如每个用户有一个详细资料，在数据库执行以下 SQL：

```sql
CREATE TABLE `c5_user_extra` (
  `id` int(11) NOT NULL AUTO_INCREMENT,
  `email` varchar(40) NOT NULL,
  `qq` varchar(20) NOT NULL,
  `user_id` int(11) NOT NULL,
  PRIMARY KEY (`id`)
) ENGINE=MyISAM AUTO_INCREMENT=2 DEFAULT CHARSET=utf8;
```

编辑 Application/Home/Model/UserModel.class.php，代码如下：

```php
class UserModel extends Model\RelationModel
{
private $denyUsernames = array(
    'admin',
    'administrator'
);
public $_validate = array(
    array('username', 'require', '用户名不能为空'),
    array('password', 'require', '密码不能为空', 1, '', 1),
    array('username', '', '用户名已存在', 0, 'unique', 1),
    array('password', '6,20', '密码长度必须在6-20', 0, 'length'),
    array('password', '/^\w{6,20}$/', '密码格式错误'),
    array('password', 'repassword', '确认密码错误', 0, 'confirm', 1),
    array('username', 'checkUsername', '用户名非法', 0, 'callback')
```

```php
    );

    public $_auto = array(
        array('password', 'md5', self::MODEL_BOTH, 'function'),//新增或编辑
的时候使用md5函数处理密码
        array('created_at', 'time', self::MODEL_INSERT, 'function'),//新增
的时候将创建时间设为当前时间戳
        array('updated_at', 'time', self::MODEL_UPDATE, 'function'),//更新
的时候将更新时间设为当前时间戳
    );


    public $_link = array(
        'UserExtra' => array(
            'mapping_type' => self::HAS_ONE,
            'class_name' => 'UserExtra',
            'foreign_key' => 'user_id',
            'mapping_fields' => 'email,qq'
        )
    );

    /**
     * 检测用户名 如果在屏蔽注册的账号中,直接报错
     * @param string $username
     * @return bool
     */
    public function checkUsername($username)
    {
        foreach ($this->denyUsernames as $u)
        {
            if (strpos($username, $u) !== false)
            {
                return false;
            }
        }
        return true;
    }
```

需要注意的是$_link 配置:

```
public $_link = array(
    'extra' => array(
        'mapping_type' => self::HAS_ONE,
        'class_name' => 'UserExtra',
        'foreign_key' => 'user_id',
        'mapping_fields' => 'email,qq'
    )
);
```

上面代码中各个参数的设置说明如下:

- "extra": 关联名称,即最终查询出来的关联数据键名;
- "mapping_type": 关联类型,每个用户有一个详细资料数据,所以关系为 HAS_ONE;
- "foreign_key": 外建名,本例中使用"c5_user_extra"的"user_id"字段去关联"c5_user"的主键字段。
- "mapping_fields": 需要查询的关联字段名称,本例只需要邮箱和QQ即可。

编辑 Application/Home/Controller/IndexController.class.php,新增"posts2"方法,代码如下:

```
public function posts2()
{
    $m = new UserModel();
    $data = $m->relation('extra')->find();
    print_r($data);
}
```

只有显示调用"relation"方法 ThinkPHP 才会进行关联查询。

打开浏览器访问 http://localhost/thinkphp-inaction/chapter-5/index.php?s=/home/index/posts2,可以看到浏览器输出了如下数据:

```
Array
(
    [id] => 6
    [username] => zhangsan
    [password] => e3ceb5881a0a1fdaad01296d7554868d
    [created_at] => 1460012058
    [updated_at] => 1460012202
    [extra] => Array
```

```
        (
            [email] => test@x.com
            [qq] => 111111
        )

)
```

## 5.10.2　BELONGS_TO

BELONGS_TO 表示当前模型从属于另外一个模型，比如，每篇文章都从属于一个用户，我们可以做如下关联定义：

在 Application/Home/Model 下新建 PostModel.class.php，代码如下：

```
<?php
/**
 * Created by PhpStorm.
 * User: xialei
 * Date: 2016/4/7 0007
 * Time: 15:38
 */
namespace Home\Model;

use Think\Model\RelationModel;

class PostModel extends RelationModel
{
    public $_link = array(
        'author' => array(
            'mapping_type' => self::BELONGS_TO,
            'class_name' => 'User',
            'foreign_key' => 'user_id',
        )
    );
}
```

编辑 Application/Home/Controller/IndexController.class.php，新增"posts3"方法，代码如下：

```
public function posts3(){
    $m = new PostModel();
    $data = $m->relation('author')->find();
```

```
    print_r($data);
}
```

打开浏览器访问 http://localhost/thinkphp-inaction/chapter-5/index.php?s=/home/index/posts3，可以看到浏览器输出了如下数据：

```
Array
(
    [post_id] => 1
    [title] => 今天天气不错
    [content] => 根据有关报道，今天天气不错
    [created_at] => 0
    [updated_at] => 0
    [user_id] => 6
    [author] => Array
        (
            [username] => zhangsan
            [created_at] => 1460012058
        )

)
```

## 5.10.3 HAS_MANY

HAS_MANY 表示当前模型拥有多个子对象，比如每个用户可以有多篇文章，可以定义如下关联模型，编辑 Application/Home/Model/UserModel.class.php 的 "$_link" 属性，代码如下：

```
public $_link = array(
    'extra' => array(
        'mapping_type' => self::HAS_ONE,
        'class_name' => 'UserExtra',
        'foreign_key' => 'user_id',
        'mapping_fields' => 'email,qq',
    ),
    'posts' => array(
        'mapping_type' => self::HAS_MANY,
        'class_name' => 'Post',
        'foreign_key' => 'user_id'
    )
);
```

编辑 Application/Home/Controller/IndexController.class.php，新增"posts4"方法，代码如下：

```
public function posts4()
{
    $m = new UserModel();
    $data = $m->relation('posts')->find();
    print_r($data);
}
```

打开浏览器访问 http://localhost/thinkphp-inaction/chapter-5/index.php?s=/home/index/posts4，可以看到浏览器输出了如下数据：

```
Array
(
    [id] => 6
    [username] => zhangsan
    [password] => e3ceb5881a0a1fdaad01296d7554868d
    [created_at] => 1460012058
    [updated_at] => 1460012202
    [posts] => Array
        (
            [0] => Array
                (
                    [post_id] => 1
                    [title] => 今天天气不错
                    [content] => 根据有关报道，今天天气不错
                    [created_at] => 0
                    [updated_at] => 0
                    [user_id] => 6
                )

        )

)
```

## 5.10.4 MANY_TO_MANY

MANY_TO_MANY 为多对多关联，以本文目前的深度来说，为了避免读者混淆，暂不介绍，有需要的读者可以上网自行查询资料。

## 5.11 小结

本章需要掌握的内容：

- 模型 CURD 操作
- 复杂查询操作
- 自动验证
- 自动完成
- 视图模型

本章需要扩展的内容：

- 关联模型

# 第 6 章 视 图

本章所提到的"模板"和"视图"为同一概念。

## 6.1 模板定义

每个模块的模板文件是独立的,默认的模板文件定义规则是:

视图目录/[模板主题]/控制器名/操作名+视图后缀

默认的视图目录是模块的 View 目录,框架默认的视图后缀为".html",系统默认不启用模板主题功能。

按照该规则,可以推断 Home 模块下 User 控制器 add 方法对应的模板文件路径应为:

Application/Home/View/User/add.html

如果项目的视图目录不是 View,可以通过以下配置更改目录:

'DEFAULT_V_LAYER' => 'Template', // 设置默认的视图层名称

模板目录就成了 Application/Home/Template 了。

如果需要更改模板文件的后缀,可以通过配置"TMPL_TEMPLATE_SUFFIX",例如:

'TMPL_TEMPLATE_SUFFIX' => '.tpl'

模板文件的后缀就成了".tpl"。

## 6.2 模板主题

如果某个模块需要支持多个主题的话,可以使用模板主题功能。配置"DEFAULT_THEME"即可。例如:

```
'DEFAULT_THEME' => 'main'
```

启用模块主题之后，模板文件的目录为：

```
Application/Home/View/default/User/add.html
```

如果需要动态改变模板主题，可以在视图渲染之前，调用以下方法：

```
$this->theme('blue')->display();
```

## 6.3 模板赋值

如果要在模板中输出变量，必须在控制器中把变量传递给模板，系统提供了 assign 方法对模板变量赋值，无论何种变量类型都统一使用 assign 赋值。

```
$this->assign('data',$data);
```

注意：ThinkPHP 还有一个赋值语法，代码如下：

```
$this->data = $data;
```

该语法在控制器有继承的时候会出现问题，不建议使用。

如果需要赋值多个变量，可以采用数组的形式进行赋值操作：

```
$data = array(
'username'=>'admin',
'password'=>'password'
);
$this->assign($data);
```

## 6.4 模板渲染

模板定义后就可以渲染模板输出，系统也支持直接渲染内容输出，模板赋值必须在模板渲染之前操作，渲染方法名为"display"。

方法原型如下：

```
display([模板文件路径],[字符编码],[mime 类型])
```

"模板文件路径"支持以下写法：

- 无参数：系统自动定位模板文件，默认情况下为"模块名/View/控制器名称/方法名称.html"。
- [模块@][控制器:][操作]：如 $this->display('User:login')，系统将定位到"模块名/View/User/login.html"。
- 完整模板文件路径。

如果不需要直接输出可以使用"fetch"方法，该方法与"display"方法区别是"display"输出模板内容，"fetch"不输出。可以利用该特性进行"页面缓存"功能的开发。

## 6.5 总结

本章需要掌握的内容：

- 模板定义
- 模板赋值
- 模板渲染

本章可以扩展的内容：

- 利用 fetch 方法开发页面缓存功能

# 第 7 章 ◀ 模 板 ▶

本章讲述如何利用 ThinkPHP 自带的模板引擎来定义模板文件、模板继承、模板语言等内容。

ThinkPHP 内置一个基于 XML 的模板引擎 "ThinkTemplate"，该引擎有如下特点：

- 支持 XML 标签库和普通标签的混合定义；
- 支持直接使用 PHP 代码书写；
- 支持文件包含；
- 支持多级标签嵌套；
- 支持布局模板功能；
- 一次编译多次运行，编译和运行效率非常高；
- 模板文件和布局模板更新，自动更新模板缓存；
- 系统变量无须赋值直接输出；
- 支持多维数组的快速输出；
- 支持模板变量的默认值；
- 支持页面代码去除 HTML 空白；
- 支持变量组合调节器和格式化功能；
- 允许定义模板禁用函数和禁用 PHP 语法；
- 通过标签库方式扩展。

## 7.1 变量输出

### 7.1.1 输出形式

在模板中输出变量语法为 "{$val}"，"val" 为变量名称，"{}" 为 ThinkPHP 模板引擎定界符，默认为 "{}"，可以通过设置 "TMPL_L_DELIM" 和 "TMPL_R_DELIM" 来进行更改，如在配置文件中定义：

```
array(
"TMPL_L_DELIM"=>"{<",
"TMPL_R_DELIM"=>">}"
);
```

那么输出"val"变量的语法为"{<\$val>}"。

如果需要输出数组变量，有以下写法。

假设需要输出示例数组中的"name"，示例如下：

```
$data = array(
'name'=>'admin'
);
1.{$data.name}
2.{$data['name']}
```

如果需要输出多维数组，示例如下：

```
$data = array(
array(
    'name'=>'admin
),
array(
 'name'=>'admin2'
)
);
```

输出"admin"语法如下：

```
{$data[0]['name']}
```

输出"admin2"语法如下：

```
{$data[1]['name']}
```

如果需要输出对象，可以使用"->"操作符，如：

```
{$data->name}
```

## 7.1.2 测试

新建"chapter-7"项目，编辑 Application/Home/Controller/IndexController.class.php 的 index 方法，代码如下：

```
public function index()
```

```
{
    //变量
    $val = 'name';
    //一维数组
    $array1 = [
        'name' => 'admin'
    ];
    //多维数组
    $array2 = [
        ['name' => 'admin'],
        ['name' => 'admin2'],
    ];
    //对象
    $obj = new \stdClass();
    $obj->name = 'admin';
    //模板赋值
    $this->assign('val', $val);
    $this->assign('array1', $array1);
    $this->assign('array2', $array2);
    $this->assign('obj', $obj);
    $this->display();
}
```

从代码最后的"$this->display()"可以得知模板文件路径为"Application/Home/View/Index/index.html"，编辑该文件，内容如下：

```
<!DOCTYPE html>
<html lang="en">
<head>
    <meta charset="UTF-8">
    <title>变量输出</title>
</head>
<body>
<p>val:{$val}</p>
<p>一维数组 name:{$array1.name}</p>
<p>一维数组 name:{$array1['name']}</p>
<p>二维数组 name:{$array2[0]['name']}</p>
<p>标准对象 name:{$obj->name}</p>
</body>
</html>
```

## 7.2 系统变量

### 7.2.1 语法形式

一个成熟的框架会定义常用变量为系统变量，这些变量不需要使用者预先声明，可以直接在模板输出，以下是 ThinkPHP 支持的变量：

```
$_SERVER
$_ENV
$_POST
$_GET
$_REQUEST
$_SESSION
$_COOKIE
```

输出语法：

```
{$Think.server.local_addr}//输出$_SERVER['LOCAL_ADDR']
{$Think.post.name}//输出$_POST['name']
{$Think.cookie.id}//输出$_COOKIE['id']
```

### 7.2.2 配置输出

ThinkPHP 将 Config 中定义的数组也"挂载"在 Think 变量下，以下语法可以输出配置：
配置文件中定义的数据为：

```
return array(
'version'=>'1.0'
);
```

模板中可以采用{$Think.config.version}的形式输出。

### 7.2.3 测试

编辑 Application/Home/Controller/IndexController.class.php 文件，添加"view1 方法"，代码如下：

```
public function view1()
{
```

```php
    $this->display();
}
```

编辑 Application/Common/Conf/config.php,代码如下:

```php
<?php
return array(
 //'配置项'=>'配置值'
    'name'=>'configname'
);
```

由于需要测试的是系统变量,故该方法不进行赋值操作。由方法名可以推断出模板文件路径为"Application/Home/Viwe/Index/view1.html",代码如下:

```html
<!DOCTYPE html>
<html lang="en">
<head>
    <meta charset="UTF-8">
    <title>输出系统变量</title>
</head>
<body>
<p>
    输出 Server 变量:{$Think.server.request_uri}
    <br>
    输出 Get 变量: {$Think.get.name}
    <br>
    输出 Cookie 变量: {$Think.cookie.PHPSESSID}
    <br>
    输出配置变量: {$Think.config.name}
</p>
</body>
</html>
```

打开浏览器访问 http://localhost/thinkphp-inaction/chapter-7/index.php/home/index/view1?name=test,可以看到页面输出如下结果:

- 输出 Server 变量:/thinkphp-inaction/chapter-7/index.php/home/index/view1?name=test。
- 输出 Get 变量: test。
- 输出 Cookie 变量: ei62hh0o2ul26166rdk7e7t114,该处跟具体情况有关。
- 输出配置变量: configname。

## 7.3 函数

### 7.3.1 函数类型

模板中也可以使用函数,这是不是很神奇呢?

其实不然,得益于 ThinkPHP 的模板编译系统。可以使用的函数包括:PHP 内置函数、ThinkPHP 内置函数、用户自定义函数、类静态方法。

模板中使用函数的一般形式为:

```
{变量|函数1|函数2...}
```

参数大于一个的函数,例如在模板中格式化时间戳:

```
{$createdAt|date='Y-m-d H:i:s',###}
```

由于 date 函数中时间戳参数是第二个参数,所以需要使用 "###" 作为占位符。

编译成 PHP 的代码为:

```
date('Y-m-d H:i:s',$createdAt);
```

参数等于一个的函数,例如将字符串转换为大写:

```
{$name|strtoupper}
```

编译成 PHP 的代码为:

```
strtoupper($name);
```

函数嵌套调用的情况,如对字符串 MD5 之后再截取:

```
{$str|md5|substr=###,0,16}
```

PHP 模板中嵌套函数执行顺序是 "由左到右" 执行,所以上述代码编译为 PHP 的结果为:

```
substr(md5($str),0,16);
```

### 7.3.2 测试

编辑 Application/Home/Controller/IndexController.class.php,添加 "view2" 方法,代码如下:

```
public function view2()
{
    $this->assign('name', 'test');
```

```
    $this->assign('now', time());
    $this->display();
}
```

编辑 Application/Home/View/Index/view2.html，代码如下：

```
<!DOCTYPE html>
<html lang="en">
<head>
    <meta charset="UTF-8">
    <title>函数测试</title>
</head>
<body>
<p>参数大于一个的函数：{$now|date='Y-m-d H:i:s',###}
    <br>参数等于一个的函数：{$name|strtoupper}
    <br>函数嵌套：{$name|md5|substr=###,0,16}
</p>
</body>
</html>
```

打开浏览器访问 http://localhost/thinkphp-inaction/chapter-7/index.php/home/index/view2，可以看到浏览器输出以下结果：

```
参数大于一个的函数：2016-05-13 18:06:46
参数等于一个的函数：TEST
函数嵌套：098f6bcd4621d373
```

## 7.4 变量默认值

### 7.4.1 语法形式

ThinkPHP 模板支持变量默认值，当变量值为空的时候，显示默认值。比如有一个显示用户签名的需求，当用户签名为空的时候输出"该用户什么也没写"。代码如下：

```
{$user.mark|default='该用户什么也没写'}
```

默认值可以结合函数使用，例如：

```
{$Think.get.name|default="名称为空"|empty|var_dump}
```

## 7.4.2 测试

编辑 Application/Home/Controller/IndexController.class.php,添加 "view3" 方法,代码如下:

```
public function view3()
{
    $user = array(
        'nickname' => 'Guest',
        'mark' => ''
    );

    $this->assign('user',$user);
    $this->display();
}
```

编辑 Application/Home/View/Index/view3.html,代码如下:

```
<!doctype html>
<html lang="zh-cn">
<head>
    <meta charset="UTF-8">
    <title>默认值测试</title>
</head>
<body>
<p>变量默认值测试:{$user.mark|default='该用户很懒'}</p>
<p>变量默认值+函数测试:{$Think.get.name|default="名称为空"|empty|var_dump}</p>
</body>
</html>
```

访问:http://localhost/thinkphp-in-action/chapter-7/index.php/Home/Index/view3,可以看到浏览器输出如下:

变量默认值测试:该用户很懒
变量默认值+函数测试:bool(false)
需要注意的是"|"可以看作管道运算符,左边的结果作为右边的输入。

## 7.5 算术运算符

### 7.5.1 语法形式

ThinkPHP 模板中支持算术运算符操作，支持的运算符包括"+""-""*""/""%""++""复合运算"。

在使用运算符进行计算的时候，如果操作数是数组，则只能使用标准数组访问形式，如"$a['name']"，不可以使用"a.name"；如果是对象，只能使用标准对象访问形式，如"$a->name"，不可以使用"a.name"。

### 7.5.2 测试

编辑 Application/Home/Controller/IndexController.class.php，添加"view4"方法，代码如下：

```php
public function view4()
{
    $userArray = array(
        'age' => 100
    );

    $userObj = new \stdClass();
    $userObj->age = 100;
    $this->assign('userArray', $userArray);
    $this->assign('userObj', $userObj);
    $this->display();
}
```

编辑 Application/Home/View/Index/view4.html，代码如下：

```html
<!doctype html>
<html lang="zh-cn">
<head>
    <meta charset="UTF-8">
    <title>算术运算符测试</title>
</head>
<body>
<h1>数组测试：</h1>
<p>"+"=> {$userArray['age']+1}</p>
```

```
<p>"-"=> {$userArray['age']-1}</p>
<p>"*"=> {$userArray['age']*2}</p>
<p>"/"=> {$userArray['age']/2}</p>
<p>"%"=> {$userArray['age']%2}</p>
<h1>对象测试：</h1>
<p>"+"=> {$userObj->age+1}</p>
<p>"-"=> {$userObj->age-1}</p>
<p>"*"=> {$userObj->age*2}</p>
<p>"/"=> {$userObj->age/2}</p>
<p>"%"=> {$userObj->age%2}</p>
</body>
</html>
```

访问：http://localhost/thinkphp-in-action/chapter-7/index.php/Home/view/view4，浏览器输出如下：

数组测试：

"+"=> 101

"-"=> 99

"*"=> 200

"/"=> 50

"%"=> 0

对象测试：

"+"=> 101

"-"=> 99

"*"=> 200

"/"=> 50

"%"=> 0

## 7.6 模板继承

### 7.6.1 语法形式

面向对象基础的读者知道，类是可以继承的，子类可以调用父类的方法；而 ThinkPHP 的模板继承类似，虽然模板中没有方法，但是父模板的布局样式子模板可以直接使用。

关键字"block"、"extend"的说明如下。

- "block"：在父模板中需要子模板实现的区块声明。
- "extend"：用来声明继承的父模板。

每个区块由<block></block>标签组成，示例代码如下：

```
<block name="title"><title>页面标题</title></block>
```

block 标签必须指定 name 属性来标识当前区块的名称，这个标识在当前模板中必须是唯一的，block 标签中可以包含任何模板内容，包括其他标签和变量，例如：

```
<block name="title"><title>{$web_title}</title></block>
```

还可以在区块中加载外部文件：

```
<block name="include"><include file="Public:header" /></block>
```

下面我们看一下示例代码。

父模板：

```
<!doctype html>
<html lang="zh-cn">
<head>
    <meta charset="UTF-8">
    <title><block name="pageTitle">默认标题</block></title>
</head>
<body>
<div>这是导航栏</div>
<block name="body">父视图body</block>
<div>这是页脚</div>
</body>
</html>
```

子模板 1：

```
<extend name="view_parent"/>
<block name="pageTitle">页面标题5</block>
<block name="body">子视图5body</block>
```

子模板 2：

```
<extend name="view_parent"/>
<block name="pageTitle">页面标题6</block>
<block name="body">子视图6body</block>
```

 "extend"标签的用法同"include"。

### 7.6.2 测试

编辑 Application/Home/Controller/IndexController.class.php，添加"view5"、"view6"方法，代码如下：

```
public function view5()
{
    $this->display();
}

public function view6()
{
    $this->display();
}
```

编辑 Application/Home/View/Index/view_parent.html，代码如 7.6.1 中父模板代码。
编辑 Application/Home/View/Index/view5.html，代码如 7.6.1 中子模板 1 代码。
编辑 Application/Home/View/Index/view6.html，代码如 7.6.1 中子模板 2 代码。

访问：http://localhost/thinkphp-inaction/chapter-7/index.php/home/index/view5，浏览器输出如下：

```
这是导航栏
子视图 5body
这是页脚
```

访问：http://localhost/thinkphp-inaction/chapter-7/index.php/home/index/view6，浏览器输出如下：

```
这是导航栏
子视图 6body
这是页脚
```

## 7.7 视图包含

普通 PHP 代码中可以使用"include"或者"require"来包含其他 PHP 文件，ThinkPHP 中模板文件也支持"include"。

### 7.7.1 语法形式

```
<include file="模板表达式或模板文件路径,模板表达式或模板文件路径"/>
```

### 7.7.2 模板表达式

定义规则：

```
[模块@] [主题/]控制器/操作
```

如以下定义都是有效的：

```
<include file="Home@Mobile/Index/header"/>
//包含文件 Home/Mobile/Index/header.html
```

为了兼容旧版本，还可以写作如下形式：

```
<include file="Home@Mobile:Index:header"/>
```

### 7.7.3 模板文件

定义规则：模板文件路径

```
<include file="./Application/Home/View/Index/template.html"/>
```

### 7.7.4 测试

编辑 Application/Home/View/Index/view_section1.html，代码如下：

```
<div>view_section1</div>
```

编辑 Application/Home/View/Index/view7.html，代码如下：

```
<include file="Home@Index/view_section1"/>
<include file="Home@Index:view_section1"/>
<include file="./Application/Home/View/Index/view_section1.html"/>
```

访问地址 http://localhost/thinkphp-inaction/chapter-7/index.php/home/index/view7，浏览器输出如下：

```
view_section1
view_section1
view_section1
```

可以看到三种形式都可以正常工作。

## 7.8 内置标签

为了在模板中进行诸如"判断"、"循环"等功能，需要使用到 ThinkPHP 的标签库功能。ThinkPHP 内置标签如表 7-1 所示。

表 7-1

| 标签名称 | 属性列表 | 说明 |
| --- | --- | --- |
| include | file | 包含模板文件 |
| import | file、href、type、value、basepath | 导入资源文件（js、css） |
| volist | name、id、offset、length、key、mod | 遍历数组 |
| foreach | name、item、key | 遍历数组或对象 |
| for | name、from、to、before、step | for 循环 |
| switch | name | switch |
| case | value、break | switch 分支（与 switch 配套使用） |
| default | 无 | 默认值 |
| compare | name、value、type | 比较输出（包括 eq、neq、lt、gt、egt、elt、heq、nheq 等别名） |
| range | name、value、type | 范围判断输出（包括 in、notin、between、notbetween 别名） |
| present | name | 判断是否赋值 |
| notpresent | name | 判断是否没有赋值 |
| empty | name | 判断是否为空 |
| notempty | name | 判断是否不为空 |
| defined | name | 判断常量是否定义 |
| notdefined | name | 判断常量是否没有定义 |
| define | name、value | 定义常量 |
| assign | name、value | 变量赋值 |
| if | condition | 条件判断 |
| elseif | condition | 条件判断 |
| else | 无 | 同 else |
| php | 使用原生 PHP 代码 | 无 |

## 7.8.1 volist 标签

volist 标签用来输出数组（通常是二维数组），在使用前需要在控制器中进行赋值操作。
示例代码如下：

```
$post= M('Post');
$list = $ post ->limit(10)->select();
$this->assign('list',$list);
```

模板代码如下：

```
<volist name="list" id="vo">
{$vo.id}:{$vo.title}<br/>
</volist>
```

这是最常用的方式，笔者推荐读者使用这种方式。
高级用法：

- 输出列表中指定位置的记录

```
<volist name="list" id="vo" offset="5" length='10'>
{$vo.name}
</volist>
```

表示输出 list 中第 5~15 条记录。

- 输出偶数行记录

```
<volist name="list" id="vo" mod="2" >
<eq name="mod" value="1">{$vo.name}</eq>
</volist>
```

value="1"，这里的值是从 0 开始的。

- 换行

```
<volist name="list" id="vo" mod="5" >
{$vo.name}
<eq name="mod" value="4"><br/></eq>
</volist>
```

表示每输出 5 行额外输出一个换行符。

- 为空提示

很多时候列表为空页面上什么也不显示，这样会给用户困惑，而 volist 提供了列表为空的操作。

```
<volist name="list" id="vo" empty="暂时没有数据" >
{$vo.id}|{$vo.name}
</volist>
```

- 输出键名

volist 内部使用 foreach 进行循环，如果需要输出每行的键名，使用如下语法：

```
<volist name="list" id="vo" key="k" >
{$k}.{$vo.name}
</volist>
```

 key 不能为 "key"，"key" 是 ThinkPHP 的保留变量，用来输出数组索引。

### 7.8.2 foreach 标签

foreach 标签与 volist 标签类似，用法比 volist 简单，但是笔者这里推荐用 volist，因为类似的功能掌握一个就可以了，太多容易混淆。

foreach 使用如下：

```
<foreach name="list" item="vo"  key="k">
    {$k}|{$vo}
</foreach>
```

与 volist 不同的是，volist 使用 id，而 foreach 使用 item。

### 7.8.3 for 标签

某些场景不适合用 foreach，这时候 for 标签就派上用场了，for 标签语法如下：

```
<for start="开始值" end="结束值" comparison="" step="步进值" name="循环变量名" >
</for>
```

name 默认为 "i"，step 值默认 "1"。

for 使用如下：

```
<for start="1" end="100">
{$i}
```

```
</for>
```

页面上会输出 1~99。

### 7.8.4 switch 标签

如果同一个变量需要用 if、else 判断多次的话，推荐使用 switch 标签，语法如下：

```
<switch name="role">
    <case value="1">管理员</case>
    <case value="2">超级管理员</case>
    <default />普通用户
</switch>
```

额外说明：name 属性可以使用函数、系统变量。

代码如下：

```
<switch name="Think.get.role|strtoupper">
    <case value="ADMIN">admin</case>
    <default />user
</switch>
```

多个 case 对应一个处理，使用"|"分割。

代码如下：

```
<switch name="imageType">
    <case value="gif|png|jpg">图像格式</case>
    <default />其他格式
</switch>
```

### 7.8.5 比较标签

比较标签用于简单的变量比较，如果需要处理复杂表达式，请使用 if，比较标签有多个，用法一致，语法如下：

```
<标签名称 name="变量" value="值">
输出
</标签名称>
```

ThinkPHP 内置的比较标签如表 7-2 所示。

表 7-2

| 标签名称 | 标签说明 |
| --- | --- |
| eq | 等于（==） |
| neq | 不等于（!=） |
| gt | 大于（>） |
| egt | 大于登录（>=） |
| lt | 小于（<） |
| Elt | 小于等于（<=） |

- eq

```
<eq name="role" value="admin">
欢迎您，管理员
<else/>
欢迎您
</eq>
```

- neq

```
<neq name="role" value="admin">
欢迎您<else/>
欢迎您，管理员
</eq>
```

- gt

```
<gt name="age" value="100">
大于100岁
<else/>
小于等于100岁
</gt>
```

- egt

```
<egt name="age" value="18">
成年人
<else/>
未成年人
</egt>
```

- lt

```
<lt name="age" value="18">
未成年人
<else/>
成年人
</lt>
<elt name="age" value="100">
小于等于100岁
<else/>
大于100岁
</elt>
```

范围判断标签

范围判断用来判断给定的变量是否在/不在某个范围/集合内。ThinkPHP 内置的范围判断标签有 in、notin、between、notbetween。

- in

用来判断变量值是否在集合内，代码如下：

```
<in name="id" value="1,2,3">
id在[1,2,3]内
</in>
```

- notin

与 in 相反，用来判断变量值是否不在集合内，代码如下：

```
<notin name="id" value="1,2,3">
id不在[1,2,3]内
</notin>
```

- between

用来判断变量是否在范围内，支持数字、字母，代码如下：

```
<between name="age" value="18,100">
已成年
</between>
```

请注意，value 只支持两个值，如下代码是无效的：

```
<between name="age" value="18,40,100">
</between>
```

实际上等同于如下代码：

```
<between name="age" value="18,40">
</between>
```

- notbetween

用来判断变量是否不在范围内,代码如下:

```
<notbetween name="age" value="18,100">
未成年
</notbetween>
```

## 7.8.6　empty 标签

empty 是很常用的标签,用来判断变量是否为空,用法:

```
<empty name="role">
role 为空
<else/>
role 不为空
</empty>
```

## 7.8.7　defined 标签

defined 用来判断常量是否定义,用法:

```
<defined name="THINK_PATH">
THINK_PATH 已定义
<else/>
THINK_PATH 未定义
</defined>
```

## 7.8.8　标签嵌套

系统内置的标签中,volist、switch、if、elseif、else、foreach、比较标签、范围判断标签、(not) empty、(not) defined 等标签都可以嵌套使用。例如:

```
<volist name="list" id="vo">
    <volist name="vo['sub']" id="sub">
        {$sub.name}
    </volist>
</volist>
```

## 7.8.9 import 标签

该标签用来导入前端资源，如 js，css。
js 导入用法如下：

```
<import type='js' file='Js.Vendor.Editor,Js.Vendor.Jquery'/>
```

系统就会将 Web 目录下的以下文件导入：

```
/Public/Js/Vendor/Editor.js
/Public/Js/Vendor/Jquery.js
```

css 导入用法如下：

```
<import type='css' file='Css.main,Css.default'/>
```

系统就会将 Web 目录下的以下文件导入：

```
/Public/Css/main.css
/Public/Css/default.css
```

import 标签支持导入的起始路径，用法如下：

```
<import type='js' file='Vendor.Jquery' basepath="./Js"/>
```

系统就会将/Js/Vendor/Jquery.js 导入。

## 7.8.10 使用原生 PHP

某些场景下，ThinkPHP 内置的标签可能满足不了需求，模板中也是可以使用 PHP 代码的，语法同 PHP 语法。

## 7.8.11 不解析输出

有些场景下，需要直接输出模板，比如在写文档的时候，这时候可以使用 "literal"，语法如下：

```
< literal>
<eq name="n" value="1">
</eq>
</ literal>
```

执行结果如下：

```
<eq name="n" value="1">
</eq>
```

## 7.9 模板布局

很多时候开发一个 Web 程序,网站的头部和底部基本是公用的,这时候就需要模板布局功能了。

假设有如下 html:

```
header.html
footer.html
index.html
user.html
```

index.html 和 user.html 都需要使用 header.html 和 footer.html,在前面的内容讲过"include",但是这里用更好的解决方法。

定义一个 layout.html 文件,内容如下:

```
<include file="控制器名:header"/>
<div id="content">
{__CONTENT__}
</div>
<include file="控制器名:footer"/>
```

而 index.html 可以写成这样:

```
<layout name="控制器名:layout"/>
<p>正文</p>
```

可以看到模板布局确实很强大。

## 7.10 模板常量替换

为了避免在使用模板时对路径有疑问,ThinkPHP 特别实现了一个模板常量替换的功能,这些常量可以直接在使用,内置的替换规则如表 7-3 所示。

表 7-3

| 名称 | 说明 |
| --- | --- |
| __ROOT__ | 当前网址（不包括域名） |
| __APP__ | 当前应用的 URL 地址（不包括域名） |
| __MODULE__ | 当前模块的 URL 地址（不包括域名） |
| __CONTROLLER__ | 当前控制器的 URL 地址（不包括域名） |
| __ACTION__ | 当前操作的 URL 地址（不包括域名） |
| __SELF__ | 当前的页面 URL |

**模板替换**

__PUBLIC__，在模板中默认会被替换为"/Public"，以上常量区分大小写。

如果需要更改__PUBLIC__的值或者需要增加新常量，可以在配置文件中定义：

```
'TMPL_PARSE_STRING' =>array(
    '__PUBLIC__' => '/Static,  // 更改默认的/Public 替换规则
    '__JS__'     => '/Static/JS/',  // 增加新的 JS 类库路径替换规则
    '__UPLOAD__' => '/Uploads',  // 增加新的上传路径替换规则
)
```

由于"__PUBLIC__"在模板中直接输出了"__PUBLIC__"的值，如果需要输出"__PUBLIC__"这个字符串，可以在"TMPL_PARSE_STRING"中定义一个常量，值为"__PUBLIC__"。

## 7.11 模板注释

由于 ThinkPHP 对模板文件进行了解析，所以传统的 HTML 注释已经无效，ThinkPHP 中视图文件的注释如下。

单行注释：

{/* 注释内容 */ } 或 {// 注释内容 }

多行注释：

{/* 这是模板
注释内容*/ }

注释在经过 ThinkPHP 解析后不会出现在最终返回页面上，而 HTML 注释最终返回给页面。

## 7.12 测试

由于标签比较多，故采用统一测试的形式进行。

本次测试代码较多，请按步骤进行：

- 编辑/chapter-7/Application/Home/Controller/DemoController.class.php，代码如下：

```php
<?php
/**
 * User: xialei
 * Date: 2016/6/27 0027
 * Time: 15:16
 */
namespace Home\Controller;

use Think\Controller;

class DemoController extends Controller
{
    public function index()
    {
        $projects = array(
            array(
                'name' => 'PHP',
                'members' => array(
                    array(
                        'id' => 1,
                        'name' => 'Jim'
                    ),
                    array(
                        'id' => 2,
                        'name' => 'Tom'
                    )
                ),
            ),
            array(
                'name' => 'Java',
                'members' => array(
```

```
                array(
                    'id' => 3,
                    'name' => 'White'
                ),
                array(
                    'id' => 4,
                    'name' => 'Black'
                )
            )
        )
    );
    $age = 18;
    $this->assign('projects', $projects);
    $this->assign('age', $age);
    $this->display();
}
}
```

- 编辑/chapter-7/Application/Home/View/Demo/header.html，代码如下：

```
<!DOCTYPE html>
<html lang="en">
<head>
<meta charset="UTF-8">
<title>Demo</title>
</head>
<body>
<p>header.html</p>
```

- 编辑/chapter-7/Application/Home/View/Demo/footer.html，代码如下：

```
footer.html
</body>
</html>
```

- 编辑/chapter-7/Application/Home/View/Demo/layout.html，代码如下：

```
<include file="Demo:header"/>
<div class="content">
{__CONTENT__}
</div>
<include file="Demo:footer"/>
```

Demo 为控制器的名称，请根据实际情况修改。

- 编辑/chapter-7/Application/Home/View/Demo/index.html，代码如下：

```
<layout name="Demo/layout"/>
<h2>volist</h2>
<ul>
<volist name="projects" key="k" id="project">
    <li>{$k} - {$project.name}</li>
</volist>
</ul>
<h2>foreach</h2>
<ul>
<foreach name="projects" item="project" key="k">
    <li>{$k} - {$project.name}</li>
</foreach>
</ul>
<h2>for</h2>
<ul>
<for start="0" end="count($projects)" name="index">
    <li>{$index}-{$projects[$index]['name']}</li>
</for>
</ul>
<h2>switch</h2>
<div>
<switch name="age">
    <case value="18">18岁的</case>
    <default/>
    不是18岁的
</switch>
</div>
<h2>eq</h2>
<div>
<eq name="age" value="18">
    18岁的
    <else/>
    不是18岁的
</eq>
</div>
<h2>neq</h2>
```

```
<div>
    <neq name="age" value="17">
        不是17岁的
        <else/>
        是17岁的
    </neq>
</div>
<h2>gt</h2>
<div>
    <gt name="age" value="17">
        大于17岁的
        <else/>
        不大于17岁的
    </gt>
</div>
<h2>egt</h2>
<div>
    <egt name="age" value="18">
        大于等于18岁的
        <else/>
        小于18岁的
    </egt>
</div>
<h2>lt</h2>
<div>
    <lt name="age" value="18">
        小于18岁的
        <else/>
        不小于18岁的
    </lt>
</div>
<h2>elt</h2>
<div>
    <elt name="age" value="18">
        小于等于18岁的
        <else/>
        大于18岁的
    </elt>
</div>
```

```
<h2>in</h2>
<div>
<in name="age" value="17,18,19">
    age 在17,18,19中
    <else/>
    age 不在17,18,19中
</in>
</div>
<h2>notin</h2>
<div>
<notin name="age" value="20,21">
    age 不在20,21中
    <else/>
    age 在20,21中
</notin>
</div>
<h2>between</h2>
<div>
<between name="age" value="10,20">
    age 在10~20中
    <else/>
    age 不在10~20中
</between>
</div>
<h2>notbetween</h2>
<div>
<notbetween name="age" value="20,40,80">
    age 不在20~40中
    <else/>
    age 在20~40中
</notbetween>
</div>
<h2>empty</h2>
<div>
<empty name="age">
    age 是空的
    <else/>
    age 不是空的
</empty>
```

```
<br>
<empty name="b">
    b 是空的
    <else/>
    b 不是空的
</empty>
</div>
<h2>defined</h2>
<div>
<defined name="THINK_PATH">
    THINK_PATH 已定义
    <else/>
    THINK_PATH 未定义
</defined>
</div><h2>defined</h2>
<div>
<defined name="APP_TEST">
    APP_TEST 已定义
    <else/>
    APP_TEST 未定义
</defined>
</div>
<h2>volist 嵌套</h2>
<div>
<volist name="projects" id="project">
    <p>name:{$project.name}</p>
    <ul>
        <volist name="project.members" id="member">
            <li>{$member.id} - {$member.name}</li>
        </volist>
    </ul>
</volist>
</div>
<h2>import 导入</h2>
<div>
资源目录为：__PUBLIC__ <br>
<import type="js" file="Js.main"/>
</div>
<h2>使用 PHP</h2>
```

```
<div>
<?php echo '本行由 PHP 输出';?>
</div>
```

- 在/chapter-7 目录下新建"Public"目录，然后在"Public"目录下新建"Js"目录，新建"main.js"，代码如下：

```
alert('本文件由 ThinkPHP import 加载');
main.js 路径为/chapter-7/Public/Js/main.js
```

- 访问 http://localhost/chapter-7/index.php/Home/Demo，输出如下：

header.html

volist

1 - PHP
2 - Java
foreach

0 - PHP
1 - Java
for

0—PHP
1—Java
switch

18岁的
eq

18岁的
neq

不是17岁的
gt

大于17岁的
egt

大于等于18岁的

lt

不小于18岁的
elt

小于等于18岁的
in

age 在17,18,19中
notin

age 不在20,21中
between

age 在10~20中
notbetween

age 不在20~40中
empty

age 不是空的
b 是空的
defined

THINK_PATH 已定义
defined

APP_TEST 未定义
volist 嵌套

name:PHP

1 - Jim
2 - Tom
name:Java

3 - White
4 - Black
import 导入

```
资源目录为：/thinkphp-inaction/chapter-7/Public
使用 PHP


本行由 PHP 输出
footer.html
```

本测试代码托管在 GITHUB 上，网址如下：

https://github.com/xialeistudio/thinkphp-inaction/tree/master/chapter-7

## 7.13 总结

本章内容较多，但是常用的主要有变量输出、模板布局、volist、eq、empty 这几个。
本章需要掌握的内容：

- 变量输出
- 函数调用
- 模板布局
- volist 标签
- eq 标签
- empty 标签

本章可以扩展的内容：

- 模板继承
- 嵌套标签

# 第 8 章 调 试

ThinkPHP 中应用默认是调试模式,开启调试模式有利于在开发阶段发现错误并解决,虽然此举会牺牲一部分执行效率。

## 8.1 调试模式

调试模式的开启与关闭都在入口文件中通过定义常量"APP_DEBUG"来进行操作。

```
//开启调试模式
define('APP_DEBUG',true);
//关闭调试模式
define('APP_DEBUG',false);
```

开启调试模式后,会有以下变化:

- 日志记录,任何错误信息和调试信息会进行记录
- 关闭模板缓存
- 记录 SQL 日志
- 关闭数据库字段缓存
- 文件大小写敏感
- 开启页面 trace

## 8.2 异常处理

ThinkPHP 在程序发生异常的时候不仅显示错误信息,还会将 trace 信息显示出来,便于查错。如果关闭调试模式,则只会输出错误信息。

如果在业务逻辑处理的时候需要手动抛出异常,例如:

```
if(!isPhoneValid($phone)){
    throw new Exception('手机号码不合法',100);
}
```

此时可以使用 ThinkPHP 自带的"E"函数进行处理,代码如下:

```
if(!isPhoneValid($phone)){
    E('手机号码不合法',100);
}
```

ThinkPHP 自带的异常显示模板路径为"ThinkPHP/Tpl/think_exception.tpl",可以通过配置"TMPL_EXCEPTION_FILE"来修改。

以下为异常模板文件中可以使用的变量:

- $e['file']: 发生异常的文件名。
- $e['line']: 发生异常的行数。
- $e['message']: 异常信息。
- $e['trace']: 异常 trace 信息。

抛出异常后会显示具体的异常信息(trace 的显示取决于是否是调试模式),如果想在出现异常时统一显示,可以使用如下配置:

```
'SHOW_ERROR_MSG'=>false,
'ERROR_MESSAGE'=>'发生错误,请刷新重试'
```

使用此操作之后,页面不会显示异常信息,但是日志依旧会记录异常信息。

# 8.3 日志

在程序开发过程中,往往需要使用持久化日志记录功能,比如在处理订单相关业务时如果发生异常,需要将相关的上下文进行记录,以便后期排查。这时候就需要日志功能了,ThinkPHP 已经内置了日志系统,需要做的仅仅是配置而已。

如下是一个典型的日志配置:

```
'LOG_RECORDED'=>true,
'LOG_LEVEL'=>'EMERG,ALERT,CRIT,ERR'
```

## 8.3.1 日志级别

ThinkPHP 内置日志级别如表 8-1 所示。

表 8-1

| 日志级别 | 说明 |
| --- | --- |
| EMERG | 严重错误，出现错误时程序无法运行 |
| ALERT | 警戒性错误，必须立即被修正 |
| CRIT | 临界值错误，超过临界值的错误 |
| ERR | 一般错误 |
| WARN | 警告错误 |
| NOTICE | 通知级别错误 |
| INFO | 信息级别 |
| DEBUG | 调试输出 |
| SQL | SQL 语句，调试模式下有效 |

## 8.3.2 记录方式

目前支持 File、Sae，有需要的可以自行扩展，修改日志记录方式只需要更改"LOG_TYPE"配置，默认为"File"。

## 8.3.3 写入日志

ThinkPHP 的 Log 类提供 record 和 write 方法记录日志。

record 方法原型如下：

```
/**
 * 记录日志 并且会过滤未经设置的级别
 * @static
 * @access public
 * @param string $message 日志信息
 * @param string $level 日志级别
 * @param boolean $record 是否强制记录
 * @return void
 */
record($message,$level=self::ERR,$record=false)
```

$level 为日志级别，如果"LOG_LEVEL"不包括当前$level，那么系统不记录该日志；如果需要强制记录，请将$record 设为"true"。

write 方法原型如下：

```
/**
 * 日志直接写入
 * @static
 * @access public
 * @param string $message 日志信息
 * @param string $level   日志级别
 * @param integer $type 日志记录方式
 * @param string $destination   写入路径
 * @return void
 */
write($message,$level=self::ERR,$type='',$destination='')
```

ThinkPHP 自带的日志记录方式为"File"、"Sae"。

## 8.4 变量输出

PHP 内置 print_r 和 var_dump 函数，但是在浏览器直接使用的时候输出"不友好"，比如不换行。ThinkPHP 内置了 dump 函数，dump 函数原型如下：

```
/**
 * 浏览器友好的变量输出
 * @param mixed $var 变量
 * @param boolean $echo 是否输出 默认为true 如果为false 则返回输出字符串
 * @param string $label 标签 默认为空
 * @param boolean $strict 是否输出变量类型
 * @return void|string
 */
function dump($var, $echo=true, $label=null, $strict=true)
```

## 8.5 执行统计

在实际开发中，如果需要对一段代码进行执行过程统计，比如统计执行时间、占用内存等，ThinkPHP 提供了"G"函数，使用方法如下：

```
G('start');
//业务代码
G('end');
echo G('start','end').'秒';
```

如果服务器支持内存统计的话，可以使用如下代码输出内存占用：

```
echo G('start','end','m').'KB'
```

## 8.6 SQL 输出

在开发中，如果出现数据库操作失败的话，这时候就需要将 PHP 最终执行的 SQL 显示出来，ThinkPHP 的 Model 提供了 getLastSql 方法来返回该模型最后执行的 SQL 语句。

## 8.7 测试

### 8.7.1 异常测试

在 Web 目录下新建 "chapter-8" 目录，并初始化应用，编辑 Application/Home/Controller/IndexController.class.php 的 index 方法，代码如下：

```
public function index()
{
    $a = $_GET['a'];
    if (empty($a)) {
        E('参数错误');
    }
}
```

访问 http://localhost/thinkphp-inaction/chapter-8/，输出如图 8-1 所示。

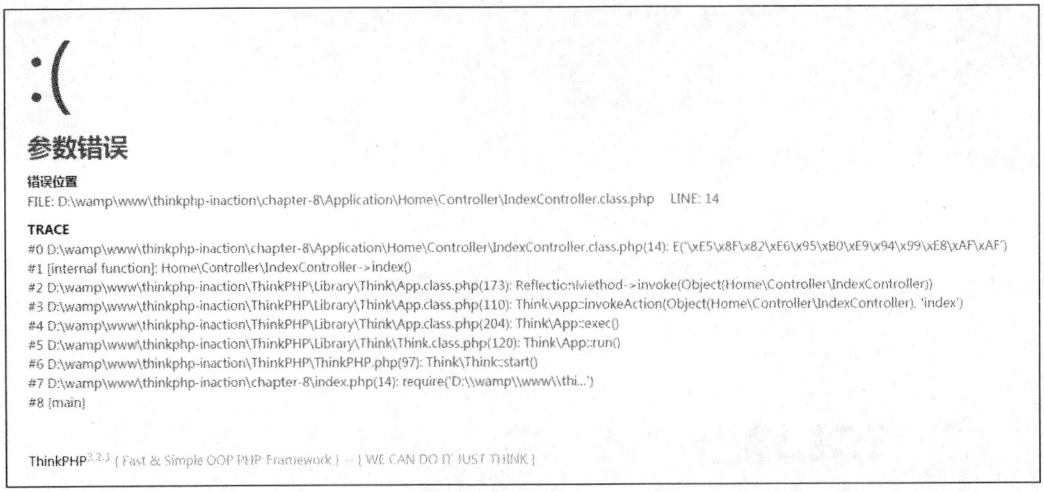

![图8-1 参数错误调试页面截图]

图 8-1

可以看到文件名，异常行数都出来了，很方便调试。

## 8.7.2 日志测试

接下来测试日志功能，继续编辑该文件，添加 log 方法，代码如下：

```
public function log()
{
    Log::record('ERR - record', Log::ERR);
    Log::write('INFO - write', Log::INFO);
    Log::record('INFO - record', Log::INFO);
}
```

配置 Application/Home/Conf/config.php，代码如下：

```
<?php
return array(
    //'配置项'=>'配置值'
    'LOG_RECORDED' => true,
    'LOG_LEVEL' => 'EMERG,ALERT,ERR'
);
```

可以看到设置的日志记录级别是"EMERG,ALERT,ERR"，访问 http://localhost/thinkphp-inaction/chapter-8/index.php/home/index/log，浏览器并没有输出，此时需要查看日志文件，打开 Application/Runtime/Logs/Home/日期.log，日期形如"16_06_29"，可以看到日志文件的最后有如下记录：

```
[ 2016-06-29T21:12:36+08:00 ] ::1 /thinkphp-inaction/chapter-
8/index.php/home/index/log
  INFO: INFO - write
[ 2016-06-29T21:12:36+08:00 ] ::1 /thinkphp-inaction/chapter-
8/index.php/home/index/log
  INFO: [ app_init ] --START--
  INFO: Run Behavior\BuildLiteBehavior [ RunTime:0.001000s ]
  INFO: [ app_init ] --END-- [ RunTime:0.001000s ]
  ERR: ERR - record
```

可以看到 Log::write('INFO - write', Log::INFO);并没有真正写入日志，原因在于配置的"LOG_LEVEL"。

### 8.7.3 变量输出测试

继续编辑该文件，添加 dump 方法，代码如下：

```
public function dump()
{
    $a = [
        'username' => 'admin',
        'age' => 100
    ];
    dump($a);
}
```

访问 http://localhost/thinkphp-inaction/chapter-8/index.php/home/index/dump，输出如下：

```
array (size=2)
  'username' => string 'admin' (length=5)
  'age' => int 100
```

可以看到数据以及数据值都显示出来了。

### 8.7.4 执行统计测试

继续编辑该文件，添加 profile 方法，代码如下：

```
    public function profile()
    {
        G('start');
```

```
        $sum = 0;
        for ($i = 1; $i <= 1000000; $i++) {
            $sum += $i;
        }
        G('end');
        echo G('start','end').'秒<br>';
        echo G('start','end','m').'KB';
    }
```

访问 http://localhost/thinkphp-inaction/chapter-8/index.php/home/index/profile,输出如下:

```
0.0980秒
0KB
```

由于笔者计算机是 Windows 系统,可能不支持内存统计,所以输出为 0KB。

## 8.7.5 SQL 输出测试

打开本地数据库,执行以下 SQL 创建示例数据表并插入测试数据:

```
CREATE TABLE `think_post` (
  `id` int(11) unsigned NOT NULL AUTO_INCREMENT,
  `title` varchar(40) NOT NULL,
  PRIMARY KEY (`id`)
) ENGINE=InnoDB AUTO_INCREMENT=3 DEFAULT CHARSET=utf8mb4;
INSERT INTO `thinkphp`.`think_post` (`id`, `title`) VALUES ('1', '标题1');
INSERT INTO `thinkphp`.`think_post` (`id`, `title`) VALUES ('2', '标题2');
```

编辑 Application/Home/Conf/config.php,代码如下:

```
'DB_TYPE'   => 'mysql',
'DB_HOST'   => 'localhost',
'DB_NAME'   => 'thinkphp',
'DB_USER'   => 'root',
'DB_PWD'    => 'root',
'DB_PORT'   => 3306,
'DB_PREFIX' => 'think_',
'DB_CHARSET'=> 'utf8mb4'
```

编辑 Application/Home/Controller/IndexController.class.php,添加 db 方法,代码如下:

```
public function db()
{
    $m = new Model('Post');
    $list = $m->select();
    dump($list);
    echo $m->getLastSql();
}
```

访问 http://localhost/thinkphp-inaction/chapter-8/index.php/home/index/db，输出如下：

```
array (size=2)
  0 =>
    array (size=2)
      'id' => string '1' (length=1)
      'title' => string '标题1' (length=7)
  1 =>
    array (size=2)
      'id' => string '2' (length=1)
      'title' => string '标题2' (length=7)
SELECT * FROM `think_post`
```

可以看到最后输出了 SQL 语句。

## 8.8 总结

开发中总会遇到各种各样的问题，希望读者能掌握好本章所学，遇到问题时能够自己独立调试并解决。

本章需要掌握的内容：

- 异常处理
- 日志记录
- SQL 输出

本章可以扩展的内容：

- 执行统计
- 日志级别

# 第 9 章 缓 存

在实际的项目中,由于 MySQL 的访问瓶颈,需要将"热数据"存放到缓存中提高程序的性能。ThinkPHP 支持数据缓存、页面缓存、查询缓存等缓存方式。支持的缓存驱动包括 APC、Db、Memcache、Xcache、Redis 等。

## 9.1 数据缓存

ThinkPHP 内置的"S"函数用来操作数据缓存,包括写入缓存、读取缓存、删除缓存。
S 函数原型如下:

```
/**
 * 缓存管理
 * @param mixed $name 缓存名称,如果为数组表示进行缓存设置
 * @param mixed $value 缓存值
 * @param mixed $options 缓存参数
 * @return mixed
 */
function S($name,$value='',$options=null)
```

根据传入参数的不同会有不同的实现方式。

### 9.1.1 写入缓存

使用方法如下所示:

```
S('name',$value,300);//以"name"为key名称缓存$value300秒。
```

### 9.1.2 读取缓存

使用方法如下所示:

```
$value = S('name');//如果缓存存在且有效则返回缓存的数据，否则返回 false
```

### 9.1.3 删除缓存

使用方法如下所示：

```
S('name',null);
```

## 9.2 页面缓存

使用过 CMS（内容管理系统）的读者应该知道 CMS 一般会有个生成静态页面的功能，毕竟静态页面性能比动态页面性能高。

静态缓存的开启需要手动配置"HTML_CACHE_ON"，并且同时配置"HTML_CACHE_RULES"。

配置代码如下所示：

```
'HTML_CACHE_ON' => true, // 开启静态缓存
'HTML_CACHE_TIME' => 60,    // 全局静态缓存有效期（秒）
'HTML_FILE_SUFFIX' => '.html', // 设置静态缓存文件后缀
'HTML_CACHE_RULES' =>    array(  // 定义静态缓存规则
    '访问地址'    =>    array('静态规则','有效期','附加规则'),
)
```

#### 1. 访问地址定义

- 全局的 action 规则，例如定义所有的 view 操作的静态规则如下：

```
'view' => array('{id}',60);
```

表示所有 action 为"view"的页面都会被缓存 60 秒，{id}表示$_GET['id']。

- 全局的 controller 规则，例如定义所有的 Article 控制器的静态规则如下：

```
'article:' => array('Article/{:action}_{id}',60);
```

表示所有的 article 的操作都会被缓存 60 秒，{:action}表示当前 action 名称。

- 特定控制器特定操作的规则，例如定义 new 控制器的 view 操作的静态规则如下：

```
'news:view' => array('{id}',60)
```

### 2. 静态规则定义

静态规则是用于定义要生成的静态文件的名称，静态规则的定义要确保不会冲突，写法可以包括以下情况：

- 使用 PHP 变量，包括$_GET、$_POST、$_SERVER、$_SESSION、$_COOKIE，例如以下代码：

```
{$_GET.id|trim}
{$_SESSION.uid}
{$_SERVER.REQUEST_URI|md5}
```

- 使用 ThinkPHP 变量，包括{:module}、{:controller}、{:action}分别表示当前模块名、控制器名和操作名。例如：

```
{:module}/{:controller}_{:action}
```

- 使用函数，使用形式为{|functionName}，例如：

```
{|microtime}
```

- 混合使用，例如：

```
{$_GET.id},{$_GET.name|md5}
```

### 3. 有效期

单位秒，如果不定义，则读取配置参数"HTML_CACHE_TIME"；如果为0，则永不过期。

### 4. 附加规则

一般对定义的规则附加额外的函数运算，例如 MD5 等：

```
'news:read' => array('news-{$_GET.id}',60,'md5');
```

## 9.3 数据库查询缓存

对于及时性要求不高的数据，可以使用数据库查询缓存，比如文章列表等。

ThinkPHP 的 Model 已经实现了 cache 方法，不需要用户自己实现数据库查询缓存。使用方法如下：

```
$model->cache(true)->limit(30)->select();
```

如果使用了 cache(true)，ThinkPHP 在查询的时候就会根据查询条件生成一个唯一的缓存标识；如果传入的是 cache('keyname')这种形式的话，ThinkPHP 则直接使用 keyname 作为缓存标识名。

ThinkPHP 默认采用 DATA_CACHE_TYPE 参数设置的缓存方式进行缓存，缓存时间为 DATA_CACHE_TIME 参数设置的时间，如果需要临时改变以上参数，可以在调用 cache 方法时传入多个参数。代码如下：

```
$model->cache(true,3600,'xcache')->select();
```

表示当前查询使用 xcache 缓存一个小时。

## 9.4 总结

缓存在实际应用中很常用，缓解了很大一部分数据库压力，希望读者至少掌握一种缓存方法。本章的代码示例将在实战项目中进行演示。

本章需要掌握的内容：

- 数据缓存
- 查询缓存

本章可以扩展的内容：

- 页面缓存

# 第 10 章 专题

## 10.1 session 操作

ThinkPHP 提供了 session 函数来代替直接操作 PHP 的 $_SESSION。默认情况下，ThinkPHP 会自动启动 session，如果不需要自动开启 session 方法的话，可以配置 SESSION_AUTO_START 为 false。

### 10.1.1 session 写入

```
session('key','value');
```

本书所用的 ThinkPHP3.2.3 还支持 key 包含"."，如以下代码在 ThinkPHP3.2.3 中是合法的：

```
session('user.userId',1);
```

### 10.1.2 session 读取

```
session('key');
```

如果 ThinkPHP 版本是 3.2.3 的话，key 也支持"."操作符，代码如下：

```
session('user.user_id');
```

### 10.1.3 session 删除

```
session('key',null);
```

如果 ThinkPHP 版本是 3.2.3 的话，key 也支持"."操作符，代码如下：

```
session('user.userId',null);
```

如果清空当前 session 的所有数据，可以使用以下代码：

```
session(null);
```

## 10.2 cookie 操作

### 10.2.1 cookie 写入

```
cookie('name','value');//有效期到浏览关闭
cookie('name','value',7*24*3600);//有效期一周
```

### 10.2.2 cookie 读取

```
$val = cookie('name');
```

### 10.2.3 读取所有 cookie

```
$cookies = cookie();
```

### 10.2.4 cookie 删除

```
cookie('name',null);
```

## 10.3 分页

### 10.3.1 分页语法

分页操作在 Web 开发中属于很常用的功能，ThinkPHP 内置了对分页的支持。分页代码也很简单，代码如下：

```
$model = M('News'); // 实例化 News 对象
$count = $model ->count();// 查询满足要求的总记录数
$Page = new \Think\Page($count,30);//实例化分页类，分页大小30
$show = $Page->show();// 分页显示输出
```

```
$list = $model->where('status=1')->order('create_time')->limit($Page->firstRow.','.$Page->listRows)->select();
$this->assign('list',$list);// 赋值数据集
$this->assign('page',$show);// 赋值分页输出
$this->display(); // 输出模板
```

### 10.3.2 测试

在 Web 目录下新建 chapter-10 目录并初始化 ThinkPHP 项目。数据表 SQL 如下：

```
CREATE TABLE `c5_user` (
  `id` int(11) NOT NULL AUTO_INCREMENT,
  `username` varchar(40) NOT NULL,
  `password` char(32) NOT NULL,
  `created_at` int(10) NOT NULL,
  `updated_at` int(10) NOT NULL,
  PRIMARY KEY (`id`),
  KEY `username` (`username`) USING BTREE
) ENGINE=MyISAM DEFAULT CHARSET=utf8;
```

编辑 Application/Common/Conf/config.php 的数据库配置（请根据实际情况配置），代码如下：

```
'DB_TYPE' => 'mysql',
'DB_HOST' => 'localhost',
'DB_PORT' => 3306,
'DB_USER' => 'root',
'DB_PWD' => 'root',
'DB_NAME' => 'think_inaction',
'DB_PREFIX' => 'c5_'
```

编辑 Application/Home/Controller/IndexController.class.php，添加 insert 方法插入测试数据，代码如下：

```
public function insert()
{
    $model = M('User');
    for ($i = 0; $i < 100; $i++) {
        $data = array(
            'username' => 'zhangshan' . $i,
            'password' => md5(microtime(true)),
```

```
            'created_at' => time(),
            'updated_at' => time()
        );

        $model->create($data);
        echo $model->add($data) ? 1 : 0, '<br/>';
    }
    echo 'ok';
}
```

访问 http://localhost/thinkphp-inaction/chapter-10/index.php/home/index/insert,浏览器会输出很多"1",最后一行会输出"ok",此时数据插入完毕,开始分页代码编写。

编辑 IndexController.class.php 的 index 方法,代码如下:

```
public function index()
{
    $model = M('User');
    $count = $model->count();
    $page = new Page($count,30);
    $show = $page->show();
    $list = $model->limit($page->firstRow.','.$page->listRows)->select();
    $this->assign('list',$list);
    $this->assign('page',$show);
    $this->display();
}
```

接下来编写模板代码,新建 Application/Home/View/Index/index.html,代码如下:

```
<!DOCTYPE html>
<html lang="en">
<head>
    <meta charset="UTF-8">
    <title>分页</title>
</head>
<body>

<table width="100%" border="1" cellpadding="0" cellspacing="0">
    <tr>
        <th>ID</th>
        <th>username</th>
        <th>password</th>
        <th>注册时间</th>
        <th>更新时间</th>
    </tr>
    <volist name="list" id="vo">
        <tr>
            <td>{$vo.id}</td>
```

```
            <td>{$vo.username}</td>
            <td>{$vo.password}</td>
            <td>{$vo.created_at|date='Y-m-d H:i:s',###}</td>
            <td>{$vo.updated_at|date='Y-m-d H:i:s',###}</td>
        </tr>
    </volist>
</table>
<div>
    {$page}
</div>
</body>
</html>
```

浏览器访问 http://localhost/thinkphp-inaction/chapter-10/index.php，输出结果如图 10-1 所示。

| ID | username | password | 注册时间 | 更新时间 |
|---|---|---|---|---|
| 6 | zhangsan | e3ceb5881a0a1fdaad01296d7554868d | 2016-04-07 14:54:18 | 2016-07-05 17:03:40 |
| 7 | zhangshan0 | 098d12c27ff2d0cad46e3ede53ab6ac5 | 2016-07-05 17:03:40 | 2016-07-05 17:03:40 |
| 8 | zhangshan1 | d696206a9dc2438fa8fdfcff6bf48807 | 2016-07-05 17:03:40 | 2016-07-05 17:03:40 |
| 9 | zhangshan2 | 2a82d155926265dcd1a6bedbba37fc5d | 2016-07-05 17:03:40 | 2016-07-05 17:03:40 |
| 10 | zhangshan3 | e447446d7e13ee26aedb4871bf2142c3 | 2016-07-05 17:03:40 | 2016-07-05 17:03:40 |
| 11 | zhangshan4 | a3c174d35c34ee8cdeb57a261d0ae0f1 | 2016-07-05 17:03:40 | 2016-07-05 17:03:40 |
| 12 | zhangshan5 | a2cda25bdd3f213b2c2c357a5390d90f | 2016-07-05 17:03:40 | 2016-07-05 17:03:40 |
| 13 | zhangshan6 | 324c057835cf0d9978e26d273d7b522f | 2016-07-05 17:03:40 | 2016-07-05 17:03:40 |
| 14 | zhangshan7 | 9d3b733d27ef4fb0d1dfc921d09ad695 | 2016-07-05 17:03:40 | 2016-07-05 17:03:40 |
| 15 | zhangshan8 | 379eacefd4c049c763a39e5f05b3a02a | 2016-07-05 17:03:40 | 2016-07-05 17:03:40 |
| 16 | zhangshan9 | e667ae724e0172f774477a20deea4b8b | 2016-07-05 17:03:40 | 2016-07-05 17:03:40 |
| 17 | zhangshan10 | 5c7e652964fb561d4ed165ef620f12fa | 2016-07-05 17:03:40 | 2016-07-05 17:03:40 |
| 18 | zhangshan11 | 500b2943ed0f56c40a6166758e48cf01 | 2016-07-05 17:03:40 | 2016-07-05 17:03:40 |
| 19 | zhangshan12 | b675b2d4aeccc29f6f509c693681f769 | 2016-07-05 17:03:40 | 2016-07-05 17:03:40 |
| 20 | zhangshan13 | 2e00f1c2d1430ba1f8ba8098a9a950ad | 2016-07-05 17:03:40 | 2016-07-05 17:03:40 |
| 21 | zhangshan14 | 68cd13ed5cdaf90cfe2a9cae152ca970 | 2016-07-05 17:03:40 | 2016-07-05 17:03:40 |
| 22 | zhangshan15 | 65ed7ad4fb2987764ac4847fe688de1f | 2016-07-05 17:03:40 | 2016-07-05 17:03:40 |
| 23 | zhangshan16 | 5a6d039ed60e14084ae8a1f6315d2697 | 2016-07-05 17:03:40 | 2016-07-05 17:03:40 |
| 24 | zhangshan17 | 7bc15154b21c1553b00f58c21d10e80a | 2016-07-05 17:03:40 | 2016-07-05 17:03:40 |
| 25 | zhangshan18 | 977c3f321d3401f36770b038790fbcc1 | 2016-07-05 17:03:40 | 2016-07-05 17:03:40 |
| 26 | zhangshan19 | 76ee746d92f2ca95d403387232323801 | 2016-07-05 17:03:40 | 2016-07-05 17:03:40 |
| 27 | zhangshan20 | 3d7bfc9dfebda5810595846fb392f8a0 | 2016-07-05 17:03:40 | 2016-07-05 17:03:40 |
| 28 | zhangshan21 | d7ab7f00378e3016b0e22410d7bc2b14 | 2016-07-05 17:03:40 | 2016-07-05 17:03:40 |
| 29 | zhangshan22 | f552bb74301e01e1a3c44b52a0416b03 | 2016-07-05 17:03:40 | 2016-07-05 17:03:40 |
| 30 | zhangshan23 | 11558830bae2e032f793d551524c1853 | 2016-07-05 17:03:40 | 2016-07-05 17:03:40 |
| 31 | zhangshan24 | 70e95647a1bdc2396ac40c6e2d861f57 | 2016-07-05 17:03:40 | 2016-07-05 17:03:40 |
| 32 | zhangshan25 | c545f03497f2a2b8013ac6e3c6a223fa | 2016-07-05 17:03:40 | 2016-07-05 17:03:40 |
| 33 | zhangshan26 | f1dfaeeeef1f0d58a70db6531f20a006 | 2016-07-05 17:03:40 | 2016-07-05 17:03:40 |
| 34 | zhangshan27 | 1016899e24ff78e421c1bb77aa69faa5 | 2016-07-05 17:03:40 | 2016-07-05 17:03:40 |
| 35 | zhangshan28 | 9b44399530cac35933f1e04cb2631780 | 2016-07-05 17:03:40 | 2016-07-05 17:03:40 |

1234567 >>

图 10-1

图 10-1 左下方的位置显示出了分页链接。可以看到不到 10 行的代码就可以实现分页效果了。不得不说 ThinkPHP 的封装做得很人性化。

## 10.4 文件上传

文件上传在开发中也用得非常多，比如编辑个人资料时的头像上传等。ThinkPHP 对文件上传也有内置支持。

本小节直接用代码演示如何使用 ThinkPHP 内置的文件上传功能完成上传。

编辑 IndexController.class.php，添加 upload 方法，代码如下：

```
public function upload()
{
    $this->display();
}
```

新建 Application/Home/View/Index/upload.html，代码如下：

```
<!DOCTYPE html>
<html lang="en">
<head>
    <meta charset="UTF-8">
    <title>上传</title>
</head>
<body>
<form action="__URL__/upload_do" enctype="multipart/form-data" method="post">
    <input type="file" name="file">
    <button>上传</button>
</form>
</body>
</html>
```

form 的 enctype 请设置为"multipart/form-data"，这是上传文件表单必须的，method 的方法请设置为"post"。

编辑 IndexController.class.php，添加 upload_do 方法，代码如下：

```
public function upload_do()
{
    $upload = new Upload();// 实例化上传类
    $upload->maxSize  =   1024*1024*2 ;// 2M
    $upload->exts     =   array('jpg', 'gif', 'png', 'jpeg');// 设置附
```

件上传类型

```php
    $upload->rootPath =     './Uploads/'; // 设置附件上传根目录
    $upload->savePath =     ''; // 设置附件上传子目录
    // 上传文件
    $info =    $upload->upload();
    if(!$info) {// 上传错误提示错误信息
        $this->error($upload->getError());
    }else{// 上传成功
        $baseURL = 'Uploads/'.$info['file']['savepath'].$info['file']['savename'];
        echo $baseURL;
    }
}
```

需要注意的是，上传成功一般返回的是文件的 URL，所以这里需要做下拼接，$info['file']['savepath']，这里是取文件保存路径（相对于附件上传根目录），其中"file"为前端表单文件域的字段名。

访问 http://localhost/thinkphp-inaction/chapter-10/index.php/Home/Index/upload，可以看到有一个上传域和一个上传按钮。选择图片上传，如果在项目 index.php 文件同级没有 Uploads 文件夹的话，ThinkPHP 会提示上传根目录未创建，此时在 index.php 文件同级创建 Uploads 文件夹即可。

创建完成之后刷新即可，选择图片上传后浏览器输出如下：

Uploads/2016-07-05/577b7e2e4c642.jpg

读者实际输出可能和笔者不同，这是由于 ThinkPHP 根据当前日期一起 md5 来计算文件名所致。

此时打开 Uploads 文件，可以发现该文件夹下多出来"2016-07-05"的文件夹，里面有一个名为"577b7e2e4c642.jpg"的图片。证明图片已成功上传。

## 10.5 验证码

验证码可以有效地防止机器人之类的提交垃圾数据进到我们开发的 Web 程序，生成验证码需要使用 GD 库的函数，ThinkPHP 将验证码的相关操作封装成了一个类供开发者调用，大大简化了开发工作。

接下来用一个示例来演示如何使用 ThinkPHP 来进行验证码的相关操作。

（1）编辑 IndexController.class.php，添加 verify 方法，代码如下：

```php
public function verify()
{
```

```
    $verify = new Verify();
    $verify->entry();
}
```

如果需要对验证码进行设置，可以在实例化之后对属性进行设置，设置完毕后调用 entry 方法进行验证码图片的输出。表 10-1 是 ThinkPHP 可以设置的属性列表。

表 10-1

| 参数 | 说明 |
| --- | --- |
| expire | 验证码有效期，单位秒 |
| useImgBg | 是否使用背景图片，默认 false |
| fontSize | 字体大小，默认 25 |
| useCurve | 是否使用混淆曲线，默认 true |
| useNoise | 是否添加噪点，默认 true |
| imageW | 验证码宽度，为 0 时自动获取 |
| imageH | 验证码高度，为 0 时自动获取 |
| length | 验证码位数，默认 5 |
| fontttf | 验证码字体，默认随机获取 |
| useZh | 是否使用中文验证码，默认 false |
| bg | 背景颜色 RGB 设置，默认值 array(243, 251, 254) |
| seKey | 验证码加密密钥，默认 ThinkPHP.CN |
| codeSet | 验证码字符集合 |
| zhSet | 验证码中文字符集合 |

（2）继续编辑 IndexController.class.php，添加 login 方法，代码如下：

```
public function login()
{
    $this->display();
}
```

（3）在 Application/Home/View/Index 下添加 login.html 文件，代码如下：

```
<!DOCTYPE html>
<html lang="en">
<head>
    <meta charset="UTF-8">
    <title>验证码</title>
</head>
<body>
<form action="__URL__/login_do" method="post">
    <input type="text" placeholder="请输入验证码" name="code" required>
```

```
        <img src="{:U('verify')}" alt="" onclick="this.src = 
'{:U("verify")}?'+Math.random()" title="看不清，换一张">
        <button>登录</button>
    </form>
    </body>
</html>
```

可以看到表单的请求地址为"\_\_URL\_\_/login\_do"，验证码图片的地址使用 U 函数生成，这样做的好处是假设以后由于服务器环境的变更要更改 URL 模式的话，这里的链接也会实际变化。而 img 的 onclick 函数是点击刷新链接，起到验证码刷新的作用。

- 表单编写完毕，此时编写服务端处理逻辑，编辑 IndexController.class.php，添加 login\_do 方法，代码如下：

```
public function login_do()
{
    //检测验证码
    $code = I('code');
    $verify = new Verify();
    if ($verify->check($code)) {
        $this->success('验证成功');
    } else {
        $this->error('验证码错误');
    }
}
```

到此，代码已经编写完毕，浏览器访问 http://localhost/thinkphp-inaction/chapter-10/index.php/Home/Index/login，浏览器输出如图 10-2 所示。

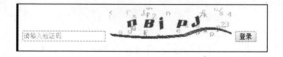

图 10-2

输入图片所示的"nBiPJ"后单击"登录"，浏览器输出如图 10-3 所示。

图 10-3

证明验证码功能已经成功调用。

总的来说，使用验证码有以下三步：

- 调用 Verify 的 entry 方法输出验证码图片；
- 将 img 的 src 属性设置为第 1 步中的 URL；
- 接收表单提交的验证码，并调用 Verify 的 check 方法进行验证。

## 10.6 图像处理

图像处理在 Web 开发中也是很重要的一环，比如头像裁剪、图片加水印等。以往这些操作都需要调用 GD 库函数，函数名和参数都难以记忆。ThinkPHP 将这些操作封装成了 Image 类，包括裁剪、缩略图、水印等功能。

ThinkPHP 的 Image 类支持 GD 库和 Imagick 库，这是 PHP 目前使用最常用的两种操作库，接下来将对常用操作进行实例讲解。

在 chapter-10 的 index.php 同级新建 Public，并在 Public 目录下新建 images 目录，放入一张 JPG 图片，命名为"demo.jpg"。

### 10.6.1 实例化 Image

```
$path = './Public/images/demo.jpg';
$image = new Image(Image::IMAGE_GD,$path);
```

如果使用的是 Imagick 库操作的话，可以使用以下代码实例化：

```
$path = './Public/images/demo.jpg';
$image = new Image(Image::IMAGE_IMAGICK,$path);
```

ThinkPHP 已经对这两种库做了封装，读者不用关心底层实现，直接调用 ThinkPHP 提供的接口即可。

### 10.6.2 获取图片基本信息

编辑 IndexController.class.php，添加 imginfo 方法，代码如下：

```
public function imginfo()
{
    $path = './Public/images/demo.jpg';
    $image = new Image(Image::IMAGE_GD, $path);
    dump([
```

```
        'width' => $image->width(),
        'height' => $image->height(),
        'mime' => $image->mime(),
        'type' => $image->type()
    ]);
}
```

浏览器访问 http://localhost/thinkphp-inaction/chapter-10/index.php/Home/Index/imginfo，输出如下：

```
array (size=4)
  'width' => int 550
  'height' => int 275
  'mime' => string 'image/jpeg' (length=10)
  'type' => string 'jpeg' (length=4)
```

可以看到原图尺寸为550*275，接下来的操作将以该图片为例。

### 10.6.3 图像裁剪

\Think\Image 类中提供 crop 方法进行图像裁剪。

crop 方法原型如下：

```
/**
 * 裁剪图片
 * @param  integer  $w        裁剪区域宽度
 * @param  integer  $h        裁剪区域高度
 * @param  integer  $x        裁剪区域横坐标
 * @param  integer  $y        裁剪区域纵坐标
 * @param  integer  $width    图片保存宽度
 * @param  integer  $height   图片保存高度
 * @return Object             当前图片处理库对象
 */
public function crop($w, $h, $x = 0, $y = 0, $width = null, $height = null)
```

编辑 Appliation/Home/Controller/IndexController.class.php，添加 crop 方法，代码如下：

```
public function crop()
{
    $path = './Public/images/demo.jpg';
```

```
    $image = new Image(Image::IMAGE_GD, $path);
    $image->crop(200,200)->save('./Public/images/demo-crop-200x200.jpg');
}
```

浏览器访问 http://localhost/thinkphp-inaction/chapter-10/index.php/Home/Index/crop，浏览器不会输出内容，此时查看 Public/images 目录，发现已经多出来 "demo-crop-200x200.jpg"，通过查看图片信息发现该图片尺寸为 200*200，证明裁剪成功。

## 10.6.4 图像缩略图

使用过论坛的读者都知道上传个人头像时一般是上传高清大图，而论坛实际显示你的头像时却是小图片，这里就是用了缩略图技术。

\Think\Image 提供 thumb 生成图像缩略图。thumb 方法原型如下：

```
/**
 * 生成缩略图
 * @param  integer  $width   缩略图最大宽度
 * @param  integer  $height  缩略图最大高度
 * @param  integer  $type    缩略图裁剪类型
 * @return Object            当前图片处理库对象
 */
public function thumb($width, $height, $type = self::IMAGE_THUMB_SCALE)
```

编辑 Application/Home/Controller/IndexController.lcass.php，添加 thumb 方法，代码如下：

```
public function thumb()
{
    $path = './Public/images/demo.jpg';
    $image = new Image(Image::IMAGE_GD, $path);
    $image->thumb(200,         200)->save('./Public/images/demo-thumb-200x200.jpg');
}
```

浏览器访问 http://localhost/thinkphp-inaction/chapter-10/index.php/Home/Index/thumb，浏览器不会输出内容，此时查看 Public/images 目录，可以发现已经多出来 "demo-thumb-200x200.jpg"，通过查看图片信息可以发现该图片宽度为 200，高度却不是 200，因为 ThinkPHP 为了保证图像内容完整，默认使用了"等比例缩略"技术。如果需要其他生成方式，在使用 thumb 的时候传入第三个参数即可。可选参数如下：

```
\Think\Image::IMAGE_THUMB_SCALE;    //等比例缩放
\Think\Image::IMAGE_THUMB_FILLED;   //缩放后填充
\Think\Image::IMAGE_THUMB_CENTER;   //居中
\Think\Image::IMAGE_THUMB_NORTHWEST; //左上角
\Think\Image::IMAGE_THUMB_SOUTHEAST; //右下角
\Think\Image::IMAGE_THUMB_FIXED;    //固定尺寸缩放
```

### 10.6.5 水印

在版权意识日渐重要的今天，图像水印技术必不可少。\Think\Image 提供 water 方法进行水印操作。

water 方法原型如下：

```
/**
 * 添加水印
 * @param  string   $source  水印图片路径
 * @param  integer  $locate  水印位置
 * @param  integer  $alpha   水印透明度
 * @return Object           当前图片处理库对象
 */
public function water($source, $locate =
self::IMAGE_WATER_SOUTHEAST,$alpha=80)
```

准备一张小尺寸的水印图片，命名为"logo.png"，放置在 Public/images 目录下。与"demo.jpg"同级。编辑 Application/Home/Controller/IndexController.class.php，添加 water 方法，代码如下：

```
public function water()
{
    $path = './Public/images/demo.jpg';
    $water = './Public/images/logo.png';
    $image = new Image(Image::IMAGE_GD, $path);
    $image->water($water)->save('./Public/images/demo-water.jpg');
}
```

浏览器访问 http://localhost/thinkphp-inaction/chapter-10/index.php/Home/Index/water，浏览器不会输出内容，此时查看 Public/images 目录，可以发现已经多出来"demo-water.jpg"，打开图片查看，可以看到图片右下角已经加上了水印。

## 10.7 总结

本章内容都是生产中常用的技术，也属于"即学即用"的技术，望读者能好好掌握。

本章需要掌握的内容：

- session 操作
- cookie 操作
- 分页操作
- 文件上传
- 验证码
- 图像缩放
- 图像裁剪
- 图像水印

# 第 11 章 留言板项目实战

## 11.1 项目目的

为了培养读者独立开发项目的能力,以及展示从零开始到项目上线的完整步骤,本章通过一个简单的留言板示例进行展示。

## 11.2 项目需求

- 用户注册、登录。
- 发表留言。
- 删除本人留言。
- 查看本人留言。

## 11.3 数据表设计

本项目使用 MySQL5.5 为项目数据库,数据表设计思路应该以实际需求作为出发点。依照本项目实际需求,可以发现需要用户表、留言表即可。

需求中包含用户注册、登录,所以用户表需要有账号、密码字段。发表留言以及删除本人留言可以确定留言表需要留言内容、用户 ID 字段。

所以本项目最终数据表设计如表 11-1 和表 11-2 所示。

表 11-1

| 字段名 | 数据类型 | 备注 |
| --- | --- | --- |
| userId | int | 用户 ID,主键,自增 |
| username | varchar(40) | 用户名,字符串 |
| password | char(32) | MD5 加密后的密码 |
| createdAt | int | 注册时间 |

表 11-2

| 字段名 | 数据类型 | 备注 |
| --- | --- | --- |
| messageId | Int | 留言 ID，主键，自增 |
| content | varchar(100) | 留言内容 |
| createdAt | int | 留言时间 |
| userId | int | 用户 ID |

## 11.4 模块设计

本项目只需要用户和留言相关功能，所以只需要 Home 模块即可，控制器/操作规划如表 11-3 所示。

表 11-3

| 控制器/操作 | 需要登录 | 备注 |
| --- | --- | --- |
| Index/index | 否 | 留言列表 |
| User/login | 否 | 用户登录 |
| User/register | 否 | 用户注册 |
| User/logout | 是 | 用户退出登录 |
| Index/delete | 是 | 用户留言删除 |
| Index/post | 是 | 发表留言 |

## 11.5 编码实现

关于如何初始化一个项目，在前面的章节中已经介绍过，这里不再赘述。

### 11.5.1 编写模型

由于每条留言消息都需要关联留言者信息，所以需要使用 ThinkPHP 的视图模型，新建 Application/Home/Model/MessageViewModel.class.php，代码如下：

```
<?php
/**
```

```
 * Project: thinkphp-inaction
 * User: xialei
 * Date: 2016/7/11 0011
 * Time: 11:07
 */

namespace Home\Model;
use Think\Model\ViewModel;

class MessageViewModel extends ViewModel
{
    public $viewFields = array(
        'Message' => array('message_id', 'content', 'created_at'),
        'User' => array('user_id', 'username', '_on' =>
'User.user_id=Message.user_id')
    );
}
```

## 11.5.2 编写留言控制器

编辑 Application/Home/Controller/IndexController.class.php，代码如下：

```
<?php
namespace Home\Controller;

use Home\Model\MessageViewModel;
use Think\Controller;
use Think\Model;
use Think\Page;

class IndexController extends Controller
{
    /**
     * 检测登录
     */
    private function checkLogin()
    {
        if (!session('user.userId')) {
            $this->error('请登录', U('User/login'));
```

```php
        }
    }

    /**
     * 留言列表
     */
    public function index()
    {
        $model = new MessageViewModel();
        $count = $model->count();

        $page = new Page($count, 1);
        $show = $page->show();
        $list = $model->order('message_id desc')->limit($page->firstRow . ',' . $page->listRows)->select();

        $this->assign('page', $show);
        $this->assign('list', $list);
        $this->display();
    }

    /**
     * 发表留言
     */
    public function post()
    {
        $this->checkLogin();
        $this->display();
    }

    /**
     * 留言处理
     */
    public function do_post()
    {
        $this->checkLogin();
        $content = I('content');
        if (empty($content)) {
            $this->error('留言内容不能为空');
```

```php
        }
        if (mb_strlen($content, 'utf-8') > 100) {
            $this->error('留言内容最多100字');
        }

        $model = new Model('Message');
        $userId = session('user.userId');
        $data = array(
            'content' => $content,
            'created_at' => time(),
            'user_id' => $userId
        );
        if (!($model->create($data) && $model->add())) {
            $this->error('留言失败');
        }
        $this->success('留言成功', U('Index/index'));
    }

    public function delete()
    {
        $id = I('id');
        if (empty($id)) {
            $this->error('缺少参数');
        }
        $this->checkLogin();
        $model = new Model('Message');
        if (!$model->where(array('message_id' => $id, 'user_id' => session('user.userId')))->delete()) {
            $this->error('删除失败');
        }
        $this->success('删除成功', U('index'));
    }
}
```

index 方法中使用了 ThinkPHP 提供的分页功能，该知识在 10.3 小节中有详细讲解。

do_post 方法接收表单值，进行逻辑判断后进行入库操作。

delete 接受留言 id，判断是否留言者本人，进行删除操作。

## 11.5.3 编写用户控制器

编辑 Application/Home/Controller/UserController.class.php，代码如下：

```php
<?php
/**
 * Project: thinkphp-inaction
 * User: xialei
 * Date: 2016/7/11 0011
 * Time: 10:41
 */

namespace Home\Controller;


use Think\Controller;
use Think\Model;

/**
 * 用户控制器
 * Class UserController
 * @package Home\Controller
 */
class UserController extends Controller
{
    /**
     * 注册表单
     */
    public function register()
    {
        $this->display();
    }

    /**
     * 注册处理
     */
    public function do_register()
    {
        $username = I('username');
```

```php
    $password = I('password');
    $repassword = I('repassword');
    if (empty($username)) {
        $this->error('用户名不能为空');
    }
    if (empty($password)) {
        $this->error('密码不能为空');
    }
    if ($password != $repassword) {
        $this->error('确认密码错误');
    }
    //检测用户是否已注册
    $model = new Model('User');
    $user = $model->where(array('username' => $username))->find();
    if (!empty($user)) {
        $this->error('用户名已存在');
    }
    $data = array(
        'username' => $username,
        'password' => md5($password),
        'created_at' => time()
    );

    if (!($model->create($data) && $model->add())) {
        $this->error('注册失败！' . $model->getDbError());
    }
    $this->success('注册成功,请登录', U('login'));
}

/**
 * 用户登录
 */
public function login()
{
    $this->display();
}

/**
 * 登录处理
```

```php
     */
    public function do_login()
    {
        $username = I('username');
        $password = I('password');
        $model = new Model('User');
        $user = $model->where(array('username' => $username))->find();
        if (empty($user) || $user['password'] != md5($password)) {
            $this->error('账号或密码错误');
        }
        //写入session
        session('user.userId', $user['user_id']);
        session('user.username', $user['username']);
        //跳转首页
        $this->redirect('Index/index');
    }


    /**
     * 退出登录
     */
    public function logout()
    {
        if (!session('user.userId')) {
            $this->error('请登录');
        }
session_destroy();
        $this->success('退出登录成功', U('Index/index'));
    }
}
```

do_register 方法是用户注册，该方法接收表单值进行逻辑判断且将原始密码加密后入库，值得注意的是，由于账号是唯一的，所以需要单独判断是否存在，如果注册成功则返回登录。

do_login 方法是用户登录，该方法将加密后的密码同数据库进行比对，可以防止原始密码被泄露，如果登录成功则调用 session 方法写入登录信息。

logout 方法是用户退出登录，如果用户未登录则提示需要登录，如果已登录则销毁所有 session。

## 11.5.4 编写留言列表

新建 Application/Home/View/Index/index.html，代码如下：

```html
<!DOCTYPE html>
<html lang="en">
<head>
    <meta charset="UTF-8">
    <title>留言列表</title>
</head>
<body>
<h1>留言板</h1>

<div>
    <empty name="Think.session.user.username">
        <a href="{:U('User/login')}">登录</a>
        <a href="{:U('User/register')}">注册</a>
        <else/>
        欢迎您！{$Think.session.user.username}    <a href="__URL__/post"><strong>发表留言</strong></a> <a href="{:U('User/logout')}">退出登录</a>
    </empty>
</div>
<volist name="list" id="item">
    <div>
        {$item.content}<br/>
        留言者：{$item.username}
        留言时间：{$item.created_at|date='Y-m-d H:i:s',###}
        <eq name="Think.session.user.userId" value="$item.user_id">
            <a href="{:U('delete?id='.$item['message_id'])}" onclick="return confirm('确定删除此条留言？')">删除</a>
        </eq>
    </div>
</volist>
<p>
    {$page}
</p>
</body>
</html>
```

由于登录和未登录都是用同一个 action，所以需要对登录状态进行判断，如果已登录则显示用户信息；如果未登录，则显示登录及注册按钮。

## 11.5.5 编写留言发表页面

新建 Application/Home/View/Index/post.html，代码如下：

```html
<!DOCTYPE html>
<html lang="en">
<head>
    <meta charset="UTF-8">
    <title>发表留言</title>
</head>
<body>
<h1>发表留言</h1>
<form action="__URL__/do_post" method="post">
    <label for="content">留言内容</label> <br>
    <textarea name="content" id="content" rows="4" maxlength="100" required></textarea><br>
    <button>发表</button>
    <button type="reset">重置</button>
</form>
<p><a href="__URL__/index">首页</a></p>
</body>
</html>
```

## 11.5.6 编写用户登录界面

新建 Application/Home/View/User/login.html，代码如下：

```html
<!DOCTYPE html>
<html lang="en">
<head>
    <meta charset="UTF-8">
    <title>登录</title>
</head>
<body>
<h1>用户登录</h1>
<form action="__URL__/do_login" method="post">
    <table>
```

```html
        <tr>
            <td><label for="username">用户名</label></td>
            <td><input type="text" name="username" id="username" required></td>
        </tr>
        <tr>
            <td><label for="password">密码</label></td>
            <td><input type="password" name="password" id="password" required></td>
        </tr>
        <tr>
            <td colspan="2" align="center">
                <button>登录</button>
                <button type="reset">重置</button>
            </td>
        </tr>
    </table>
</form>
<p>
    <a href="__URL__/register">没有账号？点击注册</a>
</p>
</body>
</html>
```

### 11.5.7 编写用户注册页面

编辑 Application/Home/View/User/register.html，代码如下：

```html
<!DOCTYPE html>
<html lang="en">
<head>
    <meta charset="UTF-8">
    <title>注册</title>
</head>
<body>
<h1>用户注册</h1>
<form action="__URL__/do_register" method="post">
    <table>
        <tr>
            <td><label for="username">用户名</label></td>
            <td><input type="text" name="username" id="username" required></td>
        </tr>
```

```html
            <tr>
                <td><label for="password">密码</label></td>
                <td><input type="password" name="password" id="password" required></td>
            </tr>
            <tr>
                <td><label for="repassword">确认密码</label></td>
                <td><input type="password" name="repassword" id="repassword" required></td>
            </tr>
            <tr>
                <td colspan="2" align="center">
                    <button>注册</button>
                    <button type="reset">重置</button>
                </td>
            </tr>
        </table>
    </form>
    <p>
        <a href="__URL__/login">已有账号？点击登录</a>
    </p>
</body>
</html>
```

## 11.6 运行效果

打开 http://localhost/thinkphp-inaction/message-board/index.php，可以看到如图 11-1 所示留言界面。

### 11.6.1 留言界面

留言界面如图 11-1 所示。

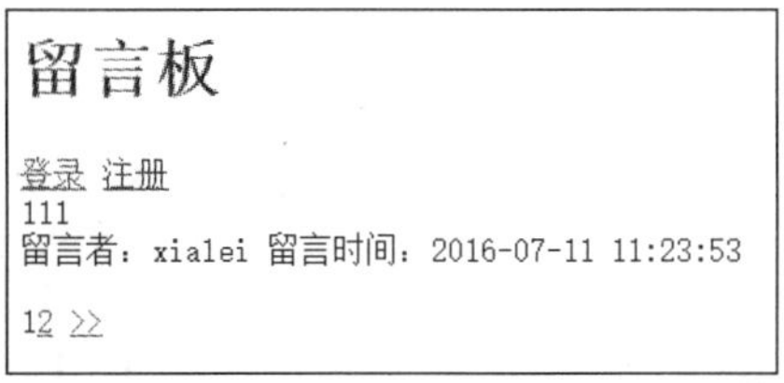

图 11-1

## 11.6.2 用户登录

单击登录，进入如图 11-2 所示表单。

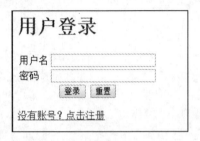

图 11-2

## 11.6.3 登录后留言列表

输入账号信息后单击"登录"，如果账号信息通过验证的话，可以进入如图 11-3 所示界面。

图 11-3

## 11.6.4 发表留言

单击"发表留言"，进入如图 11-4 所示界面。

图 11-4

## 11.6.5 留言成功

输入留言内容后单击"发表"，即可发表成功并进入如图 11-5 所示界面。

图 11-5

如果是自己发表的留言，右边会显示"删除"，单击"删除"后系统将删除该条留言并刷新当前页面。

### 11.6.6 注册页面

在登录页面单击"注册"后打开如图 11-6 所示界面。

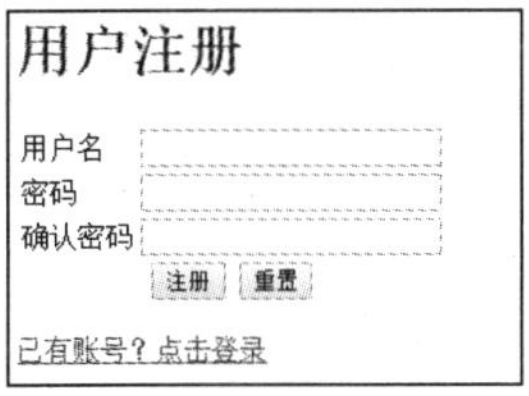

图 11-6

## 11.7 项目总结

至此，第一个留言板项目就结束了。项目虽小，五脏俱全，这是一个"启蒙型"的项目架构，希望读者能好好掌握。

项目已托管至 github，项目地址：

https://github.com/xialeistudio/thinkphp-inaction/tree/master/message-board

如有任何问题请提交 issues，地址：

https://github.com/xialeistudio/thinkphp-inaction/issues。

# 第 12 章 博客系统项目实战

## 12.1 项目目的

本博客系统项目目的如下：

- 记载个人学习、工作、生活上一些值得回味的事情，以及一些值得分享或者探讨的技术。
- 用于社会沟通和交友，和他人分享自己的成功。
- 自我学习、自我提高。

## 12.2 需求分析

提到博客，大部分人都不会陌生，毕竟大名鼎鼎的 wordpress 可是业界神话。本章需要实现的也是一个博客系统。当然，并没有 wordpress 那么强大，不过"麻雀虽小、五脏俱全"，一个博客应有的功能还是需要有的。

写作。博客的核心功能就是写作，而且是独自写作，有写作就有文章，有文章就涉及文章的分类、发表、编辑、删除。

评论。既然项目目的中有"用于社会沟通和交友"，那么社会上的读者如何与作者互动呢？所以，评论功能必不可少。有了评论就需要发表评论、管理评论。

友情链接。好文章如何让别人知道呢？单凭自己的力量是不够的，所以合理地与他人交换友情链接是博客的一种推广手段。

## 12.3 功能设计

通过需求分析的结果，可以总结出博客系统需要以下功能：

- 管理员登录、修改密码、退出登录。

- 文章分类添加、编辑、删除。
- 文章添加、编辑、删除。
- 发表评论、管理评论。
- 添加友情链接、删除友情链接、展示友情链接。

## 12.4 数据库设计

根据需求分析以及功能设计，设计出如图 12-1 所示数据库模型。

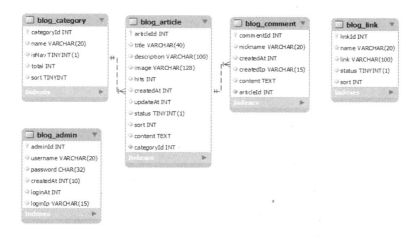

图 12-1

可以看到分类表、文章表、评论表之间存在关系。

## 12.5 数据库字典

### 1. 文章分类（blog_category）

文章分类表设计如表 12-1 所示。

表 12-1

| 字段名称 | 类型 | 说明 |
| --- | --- | --- |
| categoryId | int(10) | 主键，自增 |
| name | varchar(20) | 分类名称 |
| isNav | tinyint(1) | 是否显示在导航栏 |
| total | int | 文章总数 |
| sort | tinyint(4) | 排序 |

## 2. 文章表（blog_article）

文章表设计如表 12-2 所示。

表 12-2

| 字段名称 | 类型 | 说明 |
| --- | --- | --- |
| articleId | int(11) | 主键，自增 |
| Title | varchar(40) | 文章标题 |
| Description | varchar(100) | 文章简介 |
| Image | varchar(128) | 文章封面 |
| Hits | int(11) | 点击数 |
| createdAt | int(11) | 文章发布时间（时间戳） |
| updateAt | int(11) | 文章更新时间 |
| Status | tinyint(1) | 状态（发表，不发表） |
| Sort | int | 文章排序 |
| Content | text | 文章正文 |
| categoryId | int | 分类 ID |

## 3. 文章评论表（blog_comment）

文章评论表设计如表 12-3 所示。

表 12-3

| 字段名称 | 字段类型 | 说明 |
| --- | --- | --- |
| commentId | int | 主键，自增 |
| nickname | varchar(20) | 昵称 |
| createdAt | int(11) | 评论时间 |
| createdIp | varchar(15) | 评论 IP（只考虑 IPV4） |
| content | text | 评论内容 |
| articleId | int | 文章 ID |

## 4. 管理员表（blog_admin）

管理员表设计如表 12-4 所示。

表 12-4

| 字段名称 | 字段类型 | 说明 |
| --- | --- | --- |
| adminId | int | 管理员 ID |
| username | varchar(20) | 用户名 |
| password | char(32) | 密码（md5 加密后密文） |
| createdAt | int | 账号添加时间 |
| loginAt | int | 最近登录时间 |
| loginIp | int | 最近登录 IP |

## 5. 友情链接表（blog_link）

友情链接表设计如表 12-5 所示。

表 12-5

| 字段名称 | 字段类型 | 说明 |
| --- | --- | --- |
| linkId | int | 主键，自增 |
| name | varchar(20) | 网站名称 |
| link | varchar(100) | 链接地址 |
| status | tinyint(1) | 状态 |
| sort | int | 排序 |

## 12.6 模块设计

### 12.6.1 Admin 模块

admin 为后台管理模块，需要管理文章、分类、评论、友情链接等功能。所以根据功能应该分开 4 个 Controller 进行处理。Controller 如下：

- ArticleController，文章控制器。
- CategoryController，分类控制器。
- CommentController，评论控制器。
- LinkController，友情链接控制器。

#### 1．权限检测

由于 admin 模块属于受保护的模块，所以以上 4 个控制器必须登录后才能正常访问，为了不写重复代码，需要新建一个控制器处理登录检测，以上 4 个控制器继承该基本控制器实现统一权限检测。

在 Admin 模块新建 BaseController.class.php，添加 _initialize 方法，代码如下：

```
protected function _initialize()
{
    if (session('admin.adminId') === null)
    {
        $this->error('请登录', U('admin/index/login'));
    }
    C('LAYOUT_NAME', 'admin');
}
```

需要进行权限检测的控制器继承 BaseController 即可。

#### 2．分页处理

由于该博客系统是一直在线上运行的，所以数据量不可预测，在列表页需要进行分页处理。以下是友情链接主页的分页代码：

```php
public function index()
{
    $model = new Model('Link');
    $count = $model->count();
    $page = new Page($count);
    $show = $page->show();
    $list = $model->order('linkId DESC')->limit($page->firstRow . ',' . $page->listRows)->select();
    $this->assign('list', $list);
    $this->assign('page', $show);
    $this->display();
}
```

### 3. 文章-分类模型

文章是属于分类的，所以读取文章列表的时候需要将分类信息同时查询处理，这里使用 ThinkPHP 提供的 ViewModel，在 Common 模块新建 Model 文件夹，在 Model 文件夹下新建 ArticleCategoryViewModel.class.php，代码如下：

```php
<?php
namespace Common\Model;

use Think\Model\ViewModel;
class ArticleCategoryViewModel extends ViewModel
{
    public $viewFields = array(
        'Article' => array('articleId', 'title', 'description', 'image', 'hits', 'createdAt', 'updateAt', 'status', 'sort', 'content'),
        'Category' => array('categoryId', 'name', '_on' => 'Article.categoryId=Category.categoryId')
    );
}
```

ViewModel 的知识可以在第 5 章第 9 节查看。

### 4. 文件上传

在设计文章表的时候，有个封面字段，这个字段是用来保存文章封面的，所以需要做一个图片上传的功能。为了贯彻"模块化"的思想，笔者特地将上传模块抽象出来，只要在需要上传的页面 include 即可。

在 Admin 模块的 View 文件夹添加 Common 文件夹，在 Common 文件夹下添加 upload.html，代码如下：

```
<style>
.uploader {
    position: relative;
}

.uploader a {

}

.uploader input {
    position: absolute;
    left: 0;
    top: 0;
    width: 100%;
    height: 100%;
    z-index: 10;
    opacity: 0;
}
</style>
<div class="uploader">
<a href="javascript:;" class="btn btn-success btn-block" id="status">点击上传</a>
<input type="file" id="file" name="file" accept="image/*">
</div>
<script>
$('#file').on('change', function(e) {
    if (e.target.files.length > 0) {
        var file = e.target.files[0];
        var xhr = new XMLHttpRequest();
        xhr.open('POST', '{:U("admin/index/upload")}', true);
        var fd = new FormData;
        fd.append("file", file);
        xhr.onload = function(e) {
            var data = JSON.parse(xhr.responseText);
            $('.uploader #status').text('点击上传');
            if (data.error) {
                alert(data.error);
                return;
            }
```

```
            uploadCallback && uploadCallback(data.url);
        };
        xhr.upload && (xhr.upload.onprogress = function(e) {
            if (e.lengthComputable) {
                $('.uploader #status').text('上传中(' +
parseInt((e.loaded / e.total) * 100) + ')%');
            }
        });
        xhr.send(fd);
    }
});
</script>
```

该段代码与一般代码区别不大，但是重点在于：

```
    uploadCallback && uploadCallback(data.url);
```

如果当前页面定义了 uploadCallback 函数，则将上传后的结果回调到该函数。

上传代码，编辑 Admin 模块下的 Index 控制器，添加 upload 方法，代码如下：

```
public function upload()
{
    $upload = new Upload();// 实例化上传类
    $upload->maxSize = 1024 * 1024 * 2;// 设置附件上传大小
    $upload->exts = array('jpg', 'gif', 'png', 'jpeg');// 设置附件上传类型
    $upload->rootPath = __DIR__ . '/../../../upload/'; // 设置附件上传根目录
    $upload->savePath = ''; // 设置附件上传（子）目录
    // 上传文件
    $info = $upload->upload();
    if (!$info)
    {
        $this->ajaxReturn(array(
            'error' => $upload->getError()
        ));
    }
    else
    {
        $path = $upload->rootPath . $info['file']['savepath'] . $info['file']['savename'];
        $image = new Image();
        $image->open($path);
        $image->thumb(200, 200, Image::IMAGE_THUMB_CENTER)->save($path);
```

```
        $this->ajaxReturn(array(
            'url' => U('/', '', false, true) . 'upload/' .
$info['file']['savepath'] . $info['file']['savename']
        ));
    }
}
```

使用时直接使用以下代码引入即可（示例代码在 Application/Admin/View/Article/post.html 中）：

```
<include file="Common:upload"/>
```

由于回调函数已经写死了"uploadCallback"，所以目前来说该上传组件一个页面只能使用一个。

Admin 模块比较重要的功能就是以上列出来的，其他功能基本上都是添加、编辑、列表、删除功能，由于篇幅关系这里不再赘述，有需要的读者可以前往 github 下载源码：

```
https://github.com/xialeistudio/thinkphp-inaction/tree/master/blog
```

## 12.6.2 Common 模块

### 1. 分类处理

Common 模块是公用模块，其他模块公用的功能可以放在该模块下，比如上文中的"文章-分类模型"就是公用 Model，所以放在 Common/Model 下。

博客系统在设计文章分类时有"isNav"字段，该字段用来标识分类是否是导航栏中的分类，所以可以明确出来的需求有：

- 读取属于导航栏的分类（status 为 1）
- 读取不属于导航栏的分类（status 为 0）
- 读取全部分类

而以上需求返回值都是一致的，也就是分类列表，所以可以将以上三个需求封装成一个函数，根据传入的 status 来决定返回数据。

编辑 Application/Common/Common/function.php，添加如下代码：

```
/**
 * 获取分类
 * @param int $isNav
 * @return mixed
 */
function getCategory($isNav = -1)
{
```

```
    $map = array();
    if ($isNav > -1)
    {
        $map['isNav'] = $isNav;
    }
    $model = new \Think\Model('Category');
    return $model->where($map)->order('sort DESC')->select();
}
```

该函数对"isNav"参数的处理有个技巧。当给定的 stauts 大于-1 时可以发现添加了一个过滤参数，如果 status 等于-1 则不添加，所以该函数可以实现上文中提到的三个需求。

### 2. 友情链接列表

博客系统设计了友情链接功能，如果是在控制器中使用 Model 查询的话，每个需要友情链接的部分都需要查一次数据库，会产生重复代码，所以读取友情链接需要提取函数以供前端调用。

编辑 Common/Conf/config.php 文件，代码如下：

```
function getLinks()
{
    return M('Link')->where(array('status' => 1))->order('linkId DESC')->select();
}
```

### 3. 数据库字段大小写

在使用 ThinkPHP 的 Model 进行数据库操作时，返回的数据键名总是大写的。查看 ThinkPHP 源码发现，ThinkPHP 默认的键名是大写，由于 ThinkPHP 采用 PDO 链接数据库，可以去看看 PDO 的链接参数，查看 ThinkPHP 默认的配置文件 convention.php 发现，其中有 "DB_PARAMS" 这个字段，注释为"数据库连接参数"，所以猜测应该是该字段的关系。笔者查资料发现，PDO 有 "PDO::ATTR_CASE" 这个参数来控制大小写。

编辑 Common/Conf/config.php，添加数据库配置，代码如下：

```
'DB_TYPE' => 'mysql',
'DB_DSN' =>
'mysql:host=localhost;dbname=thinkphp_blog;charset=utf8mb4',
'DB_uSER' => 'root',
'DB_PWD' => 'root',
'DB_PREFIX' => 'blog_',
'DB_PARAMS' => array(
    PDO::ATTR_CASE => PDO::CASE_NATURAL
)
```

## 12.6.3 Home 模块

**1. 前台布局**

前台模块公用部分有顶部导航栏以及右边的文章分类，左边为主内容区域，该区域根据访问的页面不同而不同，所以 Home 模块用到了 ThinkPHP 的模板布局功能。

打开首页如图 12-2 所示。

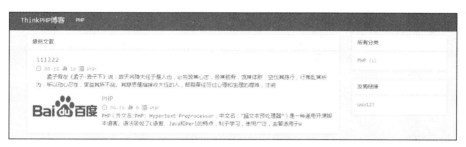

图 12-2

编辑 Common/Conf/config.php 文件，添加以下代码：

```
'LAYOUT_ON' => true
```

由于开启模板布局后，ThinkPHP 会默认使用名为"layout"的模板，所以需要在 Home/View 下添加 layout.html 文件。该文件代码如下：

```
<!DOCTYPE html>
<html lang="zh-CN">
<head>
<meta charset="utf-8">
<meta http-equiv="X-UA-Compatible" content="IE=edge">
<meta name="viewport" content="width=device-width, initial-scale=1">
<title>{:C('site.name')}</title>
<link href="__VENDOR__/bootstrap/css/bootstrap.min.css" rel="stylesheet">
<link rel="stylesheet" href="__CSS__/site.css">
<!--[if lt IE 9]>
<script src="__VENDOR__/compatible/html5shiv.min.js"></script>
<script src="__VENDOR__/compatible/respond.js"></script>
<![endif]-->
<script src="__VENDOR__/jquery.min.js"></script>
</head>
<body>
<div class="navbar navbar-inverse navbar-fixed-top">
<div class="container">
    <div class="navbar-header">
        <button class="navbar-toggle collapsed" type="button" data-toggle="collapse" data-target=".navbar-collapse">
            <span class="sr-only">Toggle navigation</span>
```

```
                <span class="icon-bar"></span>
                <span class="icon-bar"></span>
                <span class="icon-bar"></span>
            </button>
            <a class="navbar-brand hidden-sm" href="{:U('/')}">{:C('site.name')}</a>
        </div>
        <div class="navbar-collapse collapse" role="navigation">
            <ul class="nav navbar-nav">
                <php>
                    $categories = getCategory(1);
                </php>
                <volist name="categories" id="category">
                    <li><a href="{:U('/index/category',array('id'=>$category['categoryId']))}">{$category.name}</a></li>
                </volist>
            </ul>
        </div>
    </div>
</div>
<section class="container">
<div class="col-md-9">
    {__CONTENT__}
</div>
<div class="col-md-3 hidden-xs">
    <div class="panel panel-default">
        <div class="panel-heading">所有分类</div>
        <div class="panel-body">
            <div class="row">
                <php>
                    $categories2 = getCategory();
                </php>
                <volist name="categories2" id="category">
                    <div class="col-md-6">
                        <a href="{:U('/index/category',array('id'=>$category['categoryId']))}">{$category.name}</a>
                        <small class="text-muted">({$category.total})</small>
                    </div>
                </volist>
            </div>
        </div>
    </div>
    <div class="panel panel-default">
        <div class="panel-heading">友情链接</div>
        <div class="panel-body">
            <php>
                $links = getLinks();
            </php>
```

```
            <volist name="links" id="item">
                <a href="{$item.link}" target="_blank">{$item.name}</a>
            </volist>
        </div>
    </div>
</div>
</section>
<script src="__VENDOR__/bootstrap/js/bootstrap.min.js"></script>
</body>
</html>
```

该布局文件用到了模板常量，而 ThinkPHP 自带的模板常量只有__PUBLIC__，所以需要在当前模块单独定义。

编辑 Home/Conf/config.php 文件，添加如下代码：

```
'TMPL_PARSE_STRING' => array(
    '__VENDOR__' => '/thinkphp-inaction/blog/public/vendor',
    '__JS__'     => '/thinkphp-inaction/blog/public/home/js',
    '__CSS__'    => '/thinkphp-inaction/blog/public/home/css',
    '__IMAGE__'  => '/thinkphp-inaction/blog/public/home/images'
),
```

由于笔者本地项目是部署在 localhost/thinkphp-inaction 中，所以在定义模板常量的时候需要写全，读者可以根据自己项目部署情况来编辑目录地址。

前端资源的目录结构如图 12-3 所示。

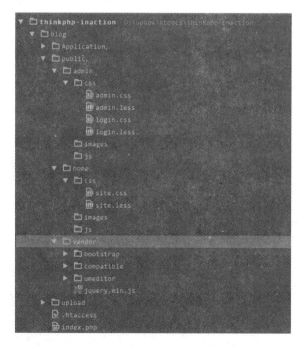

图 12-3

笔者在实际项目中也是这套结构，共用部分用 vendor 目录，然后前端资源分模块管理，这样也可以分模块不同人员一起开发一个项目而不会冲突。

由于导航栏、友情链接、全部分类这几个功能都是公用功能，所以不能在 IndexController 的 index 方法中编写读取数据的方法，如果这样，会导致假如不是访问 Index/index 的时候，导航栏、友情链接、全部分类会读取不到数据而报错。

所以在模板文件中使用调用 Common 模块中的 getCategory 和 getLinks 函数，这样就不会出现读取不到数据的问题了。

调用代码如下：

```
<php>
        $categories = getCategory(1);
</php>
<volist name="categories" id="category">
        <li><a href="{:U('/index/category',array('id'=>$category['categoryId']))}">{$category.name}</a></li>
</volist>
```

请注意 "<php>" 标签，在模板中运行 PHP 的话需要使用该标签，变量定义之后在接下来的代码中就可以直接使用 ThinkPHP 的模板语言进行操作了。

### 2. 评论间隔处理

由于博客系统的评论采用的是 ajax 异步评论的方法，如果有人恶意提交接口刷评论而系统不做处理的话，博客系统数据库很可能被写满，所以需要使用缓存来做评论间隔处理。

编辑 Home/Controller/IndexController.class.php，添加 comment 方法，代码如下：

```
public function comment($id)
{
    $model = new Model('Article');
    $article = $model->find(array('articleId' => $id));
    if (empty($article))
    {
        $this->error('文章不存在');
    }
    $key = get_client_ip() . '-view-article-' . $id;
    $cache = S($key);
    if (!empty($cache))
    {
        $this->error('评论间隔必须大于1分钟');
    }
    $nickname = I('nickname');
```

```
    $content = I('content');
    if (empty($nickname))
    {
        $this->error('昵称不能为空');
    }
    if (empty($content))
    {
        $this->error('评论内容不能为空');
    }
    $data = array(
        'nickname' => $nickname,
        'content' => $content,
        'createdAt' => time(),
        'createdIp' => get_client_ip(),
        'articleId' => $id
    );
    $commentModel = new Model('Comment');
    if (!$commentModel->data($data)->add())
    {
        $this->error('评论失败');
    }
    S($key, 1, 60);
    $data['createdAt'] = date('m-d H:i', $data['createdAt']);
    $this->ajaxReturn($data);
}
```

$id 为被评论的文章 ID，$key = get_client_ip() . '-view-article-' . $id;这段代码使用 ID+IP 的方式识别当前评论用户，如果 S 函数返回值不为空，证明缓存有效期内（本代码示例中为 1 分钟）已经评论过，所以需要返回"评论间隔必须大于 1 分钟"的错误信息。

如果评论成功，则使用当前$key 写入缓存，有效期 1 分钟。

3. Ajax 评论

为了提升用户体验，在文章页评论功能的开发中使用 Ajax。打开 Home/View/Index/article.html（请先下载源码），看到最下面的部分，代码如下：

```
<script>
$(function() {
    $('#comment-form').on('submit', function(e) {
        e.preventDefault();
        var nickname = $('#nickname').val().trim();
```

```javascript
            var content = $('#content').val().trim();
            var $btn = $(this).find('button');
            $btn.text('提交中').prop('disabled', true);
            $.post('__URL__/comment?id={$Think.get.id}', {nickname: nickname, content: content}, function(data) {
                $btn.text('发表').prop('disabled', false);
                if (data.status !== undefined && data.status === 0) {
                    alert(data.info);
                    return;
                }
                commentSucceed(data);
                $('#nickname').val('');
                $('#content').val('');
            }, 'json');
        });
        function commentSucceed(data) {
            var $html = $('<div class="media">\n\t<div class="media-body"><h4 class="media-heading">' + data.nickname + '<small>' + data.createdAt + '</small></h4><p>' + data.content + '</p></div></div>');
            $('#comments').prepend($html);
        }
    });
</script>
```

在提交的时候使用"$.post"方法提交。在回调函数中需要先判断是否出错，如果出错则显示错误信息，否则显示该评论。显示评论使用的是 jQuery 的 prepend 方法，因为最新的评论在最前面，所以需要将生成的 html 添加到最前面。

## 12.7 项目总结

由于本博客系统代码量略多，本章只截取经典的、也是常用的功能模块进行重点介绍，希望大家在本项目中多花心思，该项目可以直接上线运行。这也是大家自己动手开发的第一个线上项目，具有个人学习 ThinkPHP 历程中划时代的意义。

项目已托管至 github，项目地址：

https://github.com/xialeistudio/thinkphp-inaction/tree/master/blog

如有任何问题，请提交 issues，地址：

https://github.com/xialeistudio/thinkphp-inaction/issues

# 第 13 章 论坛系统项目实战

## 13.1 项目目的

在网络飞速发展的今天，Internet 成为人们快速获取、发布和传递信息的重要渠道，众所周知，论坛是当今网络中的知名服务之一。它开辟了一块"公共"的空间供所有用户发表和读取信息，允许用户对自身感兴趣的话题展开讨论，从而起到集思广益的作用。

本项目将从零开始开发一个论坛系统，通过这个案例的开发使各位读者能学以致用。

## 13.2 功能设计

本系统虽然比较小，但是"麻雀虽小五脏俱全"，该有的功能还是要有的。大致有以下功能：

- 版块管理：版块添加、版块编辑、版块删除。
- 评论管理：发表评论、评论列表、评论删除。
- 帖子管理：发布帖子、帖子编辑、帖子列表、帖子删除。
- 用户管理：用户列表、用户编辑、用户个人主页。

## 13.3 数据库设计

根据功能设计，可以设计出如图 13-1 所示的数据库模型。

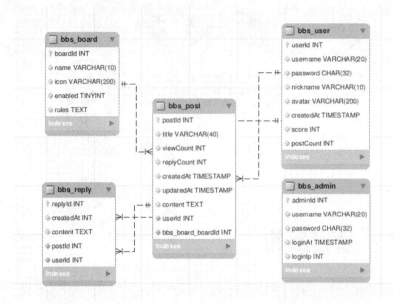

图 13-1

## 13.4 数据库字典

### 1. 帖子表（bbs_post）

帖子表设计如表 13-1 所示。

表 13-1

| 字段名称 | 类型 | 说明 |
| --- | --- | --- |
| postId | int(10) | 主键，自增 |
| title | varchar(40) | 帖子标题 |
| viewCount | int | 浏览数 |
| replyCount | int | 回复数 |
| createdAt | timestamp | 发表时间 |
| updatedAt | timestamp | 编辑时间 |
| content | text | 帖子内容 |
| boardId | int(10) | 版块 ID |
| userId | int(10) | 用户 ID |

### 2. 版块表（bbs_board）

版块表设计如表 13-2 所示。

表 13-2

| 字段名称 | 类型 | 说明 |
| --- | --- | --- |
| boardId | int(10) | 主键，自增 |
| name | varchar(10) | 版块名称 |
| icon | varchar(200) | 版块图标 url |
| enabled | tinyint(1) | 是否启用 |
| rules | text | 板块规则 |

3. 回帖表（bbs_reply）

回帖表设计如表 13-3 所示。

表 13-3

| 字段名称 | 类型 | 说明 |
| --- | --- | --- |
| replyId | int | 主键、自增 |
| createdAt | timestamp | 回复时间 |
| content | text | 回帖内容 |
| postId | int(10) | 帖子 ID |
| userId | int(10) | 用户 IDcreated |

4. 用户表（bbs_user）

用户表设计如表 13-4 所示。

表 13-4

| 字段名称 | 类型 | 说明 |
| --- | --- | --- |
| userId | int | 主键、自增 |
| username | char(20) | 用户名 |
| password | char(32) | 密码 |
| nickname | varchar(10) | 昵称 |
| avatar | varchar(200) | 头像 url |
| createdAt | timestamp | 注册时间 |
| createdIp | int | 注册 IP（使用 ip2long 转换） |
| Score | int | 积分 |
| postCount | int | 发帖数 |

5. 管理员表（bbs_admin）

管理员表设计如表 13-5 所示。

表 13-5

| 字段名称 | 类型 | 说明 |
| --- | --- | --- |
| adminId | int(10) | 主键、自增 |
| username | varchar(20) | 用户名 |
| password | char(32) | 密码 |
| loginAt | timestamp | 最后登录时间 |
| loginIp | int | 最后登录 IP |

## 13.5 模块设计

由于论坛管理和普通成员的操作权限不同，故本系统采用模块化开发机制，使用以下 3 个模块：

- Common：存放公用代码，不可以通过 Web 访问。
- Home：普通用户可以访问。
- Admin：管理员可以访问。

### 13.5.1 Common 模块

**1. 配置**

本模块为应用公用模块，所以本模块需要配置数据库、\_\_PUBLIC\_\_目录等，完整的配置内容如下（Application/Common/Conf/config.php）：

```
<?php
$db = require __DIR__ . '/db.php';
$config = array(
    'URL_CASE_INSENSITIVE' => false,
    'URL_MODEL' => 2,
    'URL_HTML_SUFFIX' => '',
    'site' => array(
        'name' => 'BBS'
    ),
    'MODULE_ALLOW_LIST' => array('Home', 'Admin'),
    'DEFAULT_MODULE' => 'Home',
    'TMPL_PARSE_STRING' => array(
```

```
            '__PUBLIC__' => '/thinkphp-inaction/bbs/public',
        ),
        'LAYOUT_ON' => true,
        'DEFAULT' => array(
            'avatar' => 'http://localhost/thinkphp-inaction/bbs/upload/2016-09-19/57dfa8dcf2b41.jpg'
        )
    );
    return array_merge($config, $db);
```

"DEFAULT.avatar"的配置是默认头像，比如用户没有上传自己的头像，此时需要使用默认头像来保证用户个人主页有头像。

数据库配置如下（Application/Common/Conf/db.php）：

```
<?php
return array(
'DB_TYPE' => 'mysql',
'DB_DSN' => 'mysql:host=localhost;dbname=bbs;charset=utf8mb4',
'DB_uSER' => 'root',
'DB_PWD' => 'root',
'DB_PREFIX' => 'bbs_',
'DB_PARAMS' => array(
    PDO::ATTR_CASE => PDO::CASE_NATURAL
)
);
```

2. 模型

本节将选择比较经典的功能进行讲解，一般的 CURD 操作我相信各位读者应该都学会了，如果对模型的基本操作有疑问的话，可以复习下之前的内容。

（1）解决主键不为 ID 的问题

由于 ThinkPHP 模型的默认主键名为 ID，而在本项目的数据库设计中，我们使用了具体的名称，比如帖子表的主键为 postId，此时如果使用 ThinkPHP 的 find 方法直接传入主键 ID 查询数据库时是查不出结果的。

更改模型的主键名称其实很简单，查看 Model 的源码可以发现 $pk = 'id'，只需要在定义子类的时候覆盖掉这个属性即可。比如 PostModel 的主键我们使用如下代码定义：

```
class PostModel extends Model{
protected $pk = 'postId';
}
```

(2) 记录管理员登录时间

记录最后一次登录时间。使用过网银的读者应该知道在登录的时候，系统会提示上次登录时间，以此提醒用户上次是否为本人登录。

而记录最后一次登录时间的功能实现要求有以下两点：

- 本次登录的时候需要显示上次登录时间
- 本次登录时间需要记录

针对这两个需求，可以发现需要操作数据库来保存本次登录时间，但是上次登录时间如何处理呢？

答案是使用 session，登录的时候先将数据库中记录的上次登录时间写入 session，然后将本次登录时间写入数据库。这样在网页看到时是上一次登录时间，而下一次登录的时候显示的就是本次登录时间。

代码如下（Application/Common/Model/AdminModel.class.php）：

```php
public function login($username, $password)
{
    $user = $this->where(array('username' => $username))->find();
    if (empty($user) || $user['password'] != saltMd5($password)) {
        throw new Exception('用户名或密码错误');
    }
    session(BaseController::SESSION_KEY, $user);
    $data['loginAt'] = date('Y-m-d H:i:s');
    $data['loginIp'] = get_client_ip(1, true);
    $this->where(array('adminId' => $user['adminId']))->save($data);
    return $user;
}
```

(3) 帖子视图模型定义

本模型父类为 ViewModel，需要展示的数据来自帖子表、用户表以及版块表，定义的关联如下（Application/Common/Model/PostViewModel.class.php）：

```php
public $pk = 'postId';
public $viewFields = array(
        'Post' => array('postId', 'title', 'viewCount', 'replyCount', 'createdAt', 'updatedAt', 'content', 'boardId', 'userId'),
        'User' => array('nickname' => 'userNickname', 'avatar' => 'userAvatar', 'createdAt' => 'userCreatedAt', 'createdIp' => 'userCreatedIp', 'score' => 'userScore', 'postCount' => 'userPostCount', '_on' => 'Post.userId=User.userId'),
        'Board' => array('name' => 'boardName', 'icon' => 'boardIcon',
```

```
'_on' => 'Post.boardId=Board.boardId')
    );
```

(4) 帖子浏览数统计频率

在用户浏览帖子的时候，需要将帖子浏览数+1，而如果在页面访问一次就+1，得到的数据似乎不太准确，比如用户如果短时间内重复刷新，这个应该算作一次访问。这时候就需要使用缓存来控制统计频率。

代码如下（Application/Common/Model/PostViewModel.class.php）：

```php
/**
 * 查看帖子
 * @param $id
 * @param bool $addViews
 * @return mixed
 * @throws Exception
 */
public function view($id, $addViews = true)
{

    if ($addViews) {
        $user = session('user');
        if (empty($user)) {
            $key = get_client_ip(1);
        } else {
            $key = $user['userId'];
        }
        $this->addViews($id, $key);
    }
    $data = $this->find($id);
    if (empty($data)) {
        throw new Exception('帖子不存在');
    }
    return $data;
}

/**
 * 添加已读数
 * @param $id
 * @param $param
 */
```

```
private function addViews($id, $param)
{
    $cacheKey = $id . $param;
    $cache = S($cacheKey);
    if (!$cache) {
        $this->where(array('postId' => $id))->setInc('viewCount');
        S($cacheKey, 1, 3600);
    }
}
```

这里使用了默认的缓存系统，统计策略如下：

- 用户已登录时，使用"用户 ID+帖子 ID"作为缓存 key，保证 1 个用户在 1 个小时内对同一篇帖子的访问计数+1。
- 用户未登录时，使用"访问 IP+帖子 ID"作为缓存 key，保证 1 个 IP 在一个小时内对一篇帖子的访问计数+1

### 13.5.2  Admin 模块

管理员模块提供对论坛系统的各项配置、数据管理等功能。

**认证系统设计**

考虑到本项目后台模块的管理员登录功能是不需要检测管理员权限的，而且有些后台接口可能也不需要登录就可以操作，所以需要设计一个公用类来提供后台控制器的公用方法。

公用类代码如下（Application/Admin/Controller/BaseController.class.php）：

```
class BaseController extends Controller
{
    const SESSION_KEY = 'admin_session';
    protected $admin = null;

    public function _initialize()
    {
        $this->admin = session(self::SESSION_KEY);
        if (static::loginRequired() && empty($this->admin)) {
            $this->error('请登录', U('admin/auth/login'));
        }
        C('LAYOUT_NAME', 'dashboard');
    }
```

```
    /**
     * 是否要求登录
     * @return bool
     */
    protected function loginRequired()
    {
        return true;
    }
}
```

loginRequired 为 protected 方法,可以被子类重写。在_initialize 方法中程序根据当前类(运行时是哪个类就是哪个类,具体内容可以参看"PHP 延迟静态绑定")的 loginRequired 方法决定当前操作是否需要登录。

由于 loginRequired 方法默认返回"true",故所有操作都需要登录,而在请求登录时是不能检测登录的(此时管理员还没登录),示例代码如下(Application/Admin/Controller/AuthController.class.php):

```
class AuthController extends BaseController
{
    /**
     * 可以不登录
     * @return bool
     */
    protected function loginRequired()
    {
        return false;
    }

    /**
     * 登录
     */
    public function login()
    {
        try {
            if (IS_POST) {
                $username = I('username');
                $password = I('password');
                $model = new AdminModel();
                $model->login($username, $password);
```

```
            $this->success('登录成功', U('/admin'));
        } else {
            C('LAYOUT_NAME', 'single');
            $this->assign('pageTitle', '登录');
            $this->display();
        }
    } catch (Exception $e) {
        $this->error($e->getMessage());
    }
}

public function logout()
{
    session(self::SESSION_KEY, null);
    session_destroy();
    $this->redirect('/admin/auth/login');
}
}
```

由于 AuthController 重写了 loginRequired 并返回 false，所以 AuthController 可以在不登录的状态下正常请求。

注意：静态延迟绑定在设计公用类的时候是很常用的。

### 13.5.3 Home 模块

前台模块大部分功能都是直接操作数据库，所以本文不再赘述，需要的读者可以参看随书代码。

**登录后重定向到登录之前页面**

先来介绍一个场景，你正在浏览一篇帖子，觉得写的很不错，打算回复一下，此时你还没登录，在你单击登录后，浏览器前往了登录页面，而登录成功后，系统却重定向到了首页，你一时找不到刚才那篇帖子了（当然，打开浏览器历史记录是可以找到的），那这时候就属于"信息丢失"问题。

正常的需求是登录后需要重定向到登录前的页面，可以让用户继续操作，这个功能需要使用 session 实现。示例代码如下（Application/Home/Controller/CommonController.class.php）：

```
class CommonController extends Controller
{
    protected $user;
    public function checkLogin()
```

```
    {
        if(empty($this->user)){
            $this->user = session('user');
            if (empty($this->user)) {
                session('callback', __SELF__);
                $this->error('请登录', U('user/login'));
            }
        }
    }
}
```

checkLogin 为登录检测方法,在需要登录时才调用,此时如果用户未登录,则将当前 URL 写入 session 并重定向到登录页。

再来看下登录逻辑部分,代码如下(Application/Home/Controller/UserController.class.php):

```
public function login()
{
    try {
        if (IS_POST) {
            $user = new UserModel();
            $user->login(I('username'), I('password'));
            $callback = session('callback');
            $this->success('登录成功', empty($callback) ? U('/') : $callback);
        } else {
            $this->display();
        }
    } catch (Exception $e) {
        $this->error($e->getMessage());
    }
}
```

在登录成功后,系统读取 sesstion,如果 session 未设置,则重定向到首页,反之则重定向到登录之前的页面,保证了用户操作流程不被打断。

## 13.6 项目总结

本系统的核心仍然是数据的 CURD 操作,但本章并没有花多少内容介绍这个,相信读者们对这个操作相当熟悉了。本章介绍了实际开发中用到的常用功能，希望大家可以举一反三。比如在 Admin 模块的 loginRequired 与检测登录时，本文介绍的方法是访问 controller 就会调用 loginRequired 方法。有兴趣的读者可以修改一下实现"访问 action 时才调用 loginRequired 方法"，这样系统会更灵活，粒度更细。

项目已托管至 github，地址为：
https://github.com/xialeistudio/thinkphp-inaction/tree/master/bbs

如有任何问题请提交 issues，地址为：
https://github.com/xialeistudio/thinkphp-inaction/issues

# 第 14 章 微信公众号开发

## 14.1 项目目的

随着移动互联网和微信的发展,微信已经成为人们生活中不可或缺的一部分,而基于微信公众号开展的服务也是非常多。比如想订机票的话,只需要关注相应公众号,回复一下出发地和目的地以及日期就可以查到航班,可以说是非常方便。

本章将和大家一起学习一下微信公众号开发中常用的"被动消息回复"功能以及"自定义菜单"功能。

## 14.2 功能设计

本章在用户与公众号传统的一问一答上增加了"会话"的功能,我们知道,用户与微信公众号交互流程如下:

(1)用户向公众号发送消息。
(2)微信服务器将接收到该消息并将该消息发送给开发者服务器。
(3)开发者服务器接收到消息经过处理后返回响应。
(4)微信服务器将该响应发送给用户。

可以看到在整个流程中我们只有第3步才能做处理。本章的项目拥有以下功能:

- 自定义菜单
- 用户注册
- 用户登录
- 用户查看个人资料
- 用户上传头像

● 用户退出登录

我们知道,在整个交互流程中是没有 cookie 的(微信服务器推送的时候不带 cookie),按照常理,cookie 不能使用的情况下,session 是不能使用的,更谈不上"登录"之类的功能了。

其实,看过 PHP 关于 session 的介绍后可以知道,cookie 只是传输 session_id 的一种手段,在 Web 开发早期,用户将 cookie 禁用后,通过配置 PHP 的参数可以在 URL 中传输 session_id。此外,PHP 提供 session_id 函数,接收一个可选参数,如果用户传入该参数,PHP 则将传入的参数作为当前的 session_id。

前面提到这么多,目的只有一个——只要能传输 session_id,会话就能实现。在整个交互流程中,用户的 openid 是不变的。所以我们可以将 openid 作为会话 ID 来实现 session。

## 14.3 开通测试公众号

**步骤 01** 打开浏览器,输入 http://mp.weixin.qq.com/debug/cgi-bin/sandbox?t=sandbox/login,如图 13-1 所示。

图 13-1

**步骤 02** 单击"登录"按钮,打开如图 13-2 所示页面,使用微信扫描二维码。

图 13-2

步骤 03　在手机上点击确认登录之后，就会成功申请一个微信测试公众号。

步骤 04　登录成功之后，浏览器会跳转到如图 13-3 所示的页面，此时，我们可以开始开发。

图 13-3

从前面的交互流程中可以看出，第 3 步微信服务器会推送消息到开发者服务器，所以我们需要一台运行在线上的服务器，各位读者可以自行购买，国内的阿里云、百度云、新浪云、腾讯云都可以，具体看大家自己。

## 14.4　下载开发类库

微信服务器向开发者服务器推送数据的时候，采用的是 xml 格式的数据，这时候我们需要对消息进行解码并根据不同的消息类型进行不同的处理，其实这个解码过程我们没有必要手动开发，网络上已经有热心的开发者开源了一个"ThinkWechat"的项目，该项目封装了对微信推送消息的解码，包装开发者服务器返回的响应消息的功能。

该文件代码地址如下，读者可以直接下载该文件。

```
https://github.com/xialeistudio/thinkphp-inaction/blob/master/wechat/Application/Home/Library/ThinkWechat.php
```

## 14.5　开始会话开发

步骤 01　新建项目"wechat"并且初始化，将下载的 ThinkWechat 类库放置于 Application/Home/Library 目录下。

步骤 02　更改 Application/Home/Conf/config.php 文件，代码如下：

```php
<?php
return array(
    //'配置项'=>'配置值'
    'WECHAT' => array(
        'APPID' => 'appid',
        'SECRET' => 'secret',
        'TOKEN' => 'IQ2FIeKwq1ZJEI3CLHQ8'
    ),
    'SESSION_AUTO_START' => false
);
```

各位读者请根据自己的测试公众号更改 appid 以及 secret。

在本项目的开发中，由于涉及用户操作步骤，比如用户查看个人资料的时候系统需要检测是否登录，而是否登录由 session 保存。所以需要将 THINKPHP 自动开启 session 的选项设置为 false，这样才能在我们将 openid 设置为 session_id 之后开启 session。此外，用户的操作步骤也使用 session 存储，并且将该步骤定义为常量。

编辑 Application/Home/Controller/IndexController.class.php，定义常量，代码如下：

```php
<?php
namespace Home\Controller;

use Requests;
use Think\Controller;

class IndexController extends Controller
{
    //操作步骤定义
    const STEP_REGISTER_USERNAME = 1;
    const STEP_REGISTER_PASSWORD = 2;
    const STEP_LOGIN_USERNAME = 3;
    const STEP_LOGIN_PASSWORD = 4;
    const STEP_AVATAR_UPLOAD = 5;

    //游客操作
    const GUEST_ACTION_REGISTER = 1;
    const GUEST_ACTION_LOGIN = 2;
    //用户操作
    const USER_ACTION_INFO = 1;
    const USER_ACTION_AVATAR = 2;
    const USER_ACTION_LOGOUT = 3;
```

```
    //全局操作
    const GLOBAL_ACTION_RESET = 999;
    //自定义菜单
    const MENU_MAIN_3 = 'MENU_MAIN_3';
    const MENU_MAIN_1_CHILD_1 = 'MENU_MAIN_1_CHILD_1';
    const MENU_MAIN_2_CHILD_1 = 'MENU_MAIN_2_CHILD_1';
}
```

常量的字面意思即为常量的作用，比如 *STEP_REGISTER_PASSWORD* 常量，用来标识下一步操作步骤（操作步骤的 session 的 name 为"step"），当用户选择完"用户注册"后，系统将该常量设置为 STEP_REGISTER_USERNAME，那下一步用户输入的内容将作为用户名保存到 session 中，并且将"step"的值设置为 *STEP_REGISTER_PASSWORD*，这样就可以实现会话的功能了。

微信公众号开发的文档中开发者服务器只能提供一个 URL 地址与公众号进行交互，所以 IndexController.class.php 只需要一个外部访问的操作，本文使用 index()方法。

由于用户关注的时候，微信会推送事件到该 URL，所以我们需要在该 URL 中返回"欢迎关注"以及用户当前能进行的操作，比如在用户关注的时候回复以下内容给用户：

欢迎关注！

您的当前身份是【游客】

您可以进行以下操作：

1. 注册账号
2. 登录账号

帮助：任何情况下回复 999 重置会话状态

## 14.5.1 注册流程

用户看到上面文字会明白自己当前能进行 3 个操作，一次注册的流程如下（本流程只演示注册，对于用户名重复检测、密码强度检测未作处理，有兴趣的读者可以自己添加）：

**步骤01** 当用户回复"1"，则系统将当前的 step 设置为 STEP_REGISTER_USERNAME，并且返回响应"【注册】请输入用户名"。

**步骤02** 当用户继续输入非 999 的内容时，系统将当前用户输入的内容保存到名为 username 的 session 中，并将当前的 step 设置为 STEP_REGISTER_PASSWORD，并且返回响应"【注册】请输入密码"。

**步骤03** 当用户继续输入非 999 的内容时，系统将当前用户输入的内容保存在名为 password 的 session 中，并重置当前的 step，最后返回以下响应：

【注册】注册成功

> 您的当前身份是【游客】
> 您可以进行以下操作：
> 3. 注册账号
> 4. 登录账号
> 帮助：任何情况下回复 999 重置会话状态

### 14.5.2　登录流程

登录流程大致上和注册一致，只不过在用户输入用户名和密码的时候将当前输入的值与 session 中的值比较：如果不同，则返回响应"用户名或密码错误"；如果通过验证，则添加一个名为 login 的 session，值为 1，并重置 step。最后返回以下响应：

> 【登录】登录成功
> 您当前的身份是【用户】
> 您可以进行以下操作：
> 1. 个人信息
> 2. 上传头像
> 3. 退出登录
> 帮助：任何情况下回复 999 重置会话状态

### 14.5.3　查看个人资料流程

该操作需要登录，所以当用户回复"1"时需要判断是否登录，判断方法为检测名为"login"的 session 值，如果为 1，则返回当前用户的个人资料（用户名、密码、头像，头像值从名为"avatar"的 session 读取，如果不存在，则输出"未设置头像"，反之，则输出头像图片链接地址），如果名为"login"的 session 值不为 1，则进行用户注册逻辑。

### 14.5.4　上传头像流程

该操作需要登录，登录检测方法与"查看个人资料流程"一致，当用户回复"2"时，将当前的"step"设置为 STEP_AVATAR_UPLOAD，并返回响应"【头像】请上传一张头像"。

如果当前的"step"为 STEP_AVATAR_UPLOAD，且当用户继续操作时输入的不是图片，系统直接返回响应"【头像】操作有误!请上传图片头像"。

如果当前的"step"为 STEP_AVATAR_UPLOAD，且当前的消息内容为图片时，将用户输入的图片地址保存到名为"avatar"的 session 中，并重置"step"，最后返回响应"【头像】上传成功"。

## 14.5.5 退出登录流程

该操作需要登录，登录检测方法与"查看个人资料流程"一致，当用户回复"3"时，将名为"login"的 session 删除，并且删除名为"step"的 session，此时，用户登录信息与操作步骤信息已经完全清除，最后返回以下响应：

```
退出登录成功
您的当前身份是【游客】
您可以进行以下操作：
5. 注册账号
6. 登录账号
帮助：任何情况下回复 999 重置会话状态
```

## 14.5.6 全局回复处理

当任何情况下，用户回复"999"时，此时用户要求完全重置会话状态，所以系统可以直接调用 session_destroy 方法清空当前用户 session。

## 14.5.7 示例代码

完整的示例代码如下：

```php
<?php
namespace Home\Controller;

use Requests;
use Think\Controller;

class IndexController extends Controller
{
    //操作步骤定义
    const STEP_REGISTER_USERNAME = 1;
    const STEP_REGISTER_PASSWORD = 2;
    const STEP_LOGIN_USERNAME = 3;
    const STEP_LOGIN_PASSWORD = 4;
    const STEP_AVATAR_UPLOAD = 5;

    //游客操作
    const GUEST_ACTION_REGISTER = 1;
```

```php
const GUEST_ACTION_LOGIN = 2;
//用户操作
const USER_ACTION_INFO = 1;
const USER_ACTION_AVATAR = 2;
const USER_ACTION_LOGOUT = 3;
//全局操作
const GLOBAL_ACTION_RESET = 999;
//自定义菜单
const MENU_MAIN_3 = 'MENU_MAIN_3';
const MENU_MAIN_1_CHILD_1 = 'MENU_MAIN_1_CHILD_1';
const MENU_MAIN_2_CHILD_1 = 'MENU_MAIN_2_CHILD_1';

/**
 * 外部接口
 */
public function index()
{
    import('Home.Library.ThinkWechat');
    $wechat = new \ThinkWechat(C('WECHAT.TOKEN'));
    $data = $wechat->request();
    list($content, $type) = $this->_handle($data);
    $wechat->response($content, $type);
}

private function _handle(array $data)
{
    session_id($data['FromUserName']);
    session_start();
    if ($data['MsgType'] == 'text') {
        return $this->_handleText($data);
    }
    if ($data['MsgType'] == 'image') {
        return $this->_handleImage($data);
    }
    if ($data['MsgType'] == 'event') {
        return $this->_handleEvent($data);
    }
    return array('你好', 'text');
}
```

```php
/**
 * 是否游客
 * @return bool
 */
private function _isGuest()
{
    return session('login') === null;
}

private function _login()
{
    session('login', 1);
}

private function _logout()
{
    session('login', null);
}

/**
 * 当前操作步骤
 * @return int
 */
private function _currentStep()
{
    return session('step');
}

/**
 * 重置步骤
 */
private function _resetStep()
{
    session('step', null);
}

/**
 * 设置操作步骤
```

```php
     * @param $step
     */
    private function _setStep($step)
    {
        session('step', $step);
    }

    /**
     * 重置会话
     */
    private function _resetSession()
    {
        session_destroy();
    }

    /**
     * 游客操作
     */
    private function _guestActions()
    {
        return array(
            '您当前的身份是【游客】',
            '您可以进行以下操作：',
            '1.注册账号',
            '2.登录账号',
            '帮助:任何情况下回复999重置会话状态'
        );
    }

    /**
     * 用户操作
     * @return array
     */
    private function _userActions()
    {
        return array(
            '您当前的身份是【登录用户】',
            '您可以进行以下操作',
```

```php
            '1.个人信息',
            '2.上传头像',
            '3.退出登录',
            '帮助:任何情况下回复999重置会话状态'
        );
    }

    /**
     * 全局操作
     * @param array $data
     * @return array|bool
     */
    private function _handleGlobalAction(array $data)
    {
        if ($data['Content'] == self::GLOBAL_ACTION_RESET) {
            $this->_resetSession();
            return array(join("\n", array_merge(array('重置成功'), $this->_guestActions())), 'text');
        }

        return false;
    }

    /**
     * 处理文本信息
     * @param array $data
     * @return array|bool
     */
    private function _handleText(array $data)
    {
        $result = $this->_handleGlobalAction($data);
        //如果返回非false,证明当前操作已经被处理完成
        if ($result !== false) {
            return $result;
        }
        //游客
        if ($this->_isGuest()) {
            //没有选择任何步骤
            if (!$this->_currentStep()) {
```

```php
            if ($data['Content'] == self::GUEST_ACTION_REGISTER) {
                $this->_setStep(self::STEP_REGISTER_USERNAME);
                return array(
                    '【注册】请输入您的用户名',
                    'text'
                );
            }
            if ($data['Content'] == self::GUEST_ACTION_LOGIN) {
                $this->_setStep(self::STEP_LOGIN_USERNAME);
                return array(
                    '【登录】请输入您的用户名',
                    'text'
                );
            }
        }
        //注册->输入用户名
        if ($this->_currentStep() == self::STEP_REGISTER_USERNAME) {
            $this->_setStep(self::STEP_REGISTER_PASSWORD);
            session('username', $data['Content']);
            return array('【注册】请输入密码', 'text');
        }
        //注册->输入密码
        if ($this->_currentStep() == self::STEP_REGISTER_PASSWORD) {
            $this->_resetStep();
            session('password', $data['Content']);
            return array(join("\n", array_merge(array('【注册】注册成功'), $this->_guestActions())), 'text');
        }
        //登录->输入用户名
        if ($this->_currentStep() == self::STEP_LOGIN_USERNAME) {
            if ($data['Content'] != session('username')) {
                return array(
                    join("\n", array(
                        "【登录】用户名错误",
                        "回复用户名继续操作",
                        "回复999重新开始会话"
                    )),
```

```php
                    'text'
                );
            }
            $this->_setStep(self::STEP_LOGIN_PASSWORD);
            return array('【登录】请输入密码', 'text');
        }
        //登录->输入密码
        if ($this->_currentStep() == self::STEP_LOGIN_PASSWORD) {
            if ($data['Content'] != session('password')) {
                return array(
                    join("\n", array(
                        "【登录】密码错误",
                        "回复密码继续操作",
                        "回复999重新开始会话"
                    )),
                    'text'
                );
            }

            $this->_login();
            $this->_resetStep();
            return array(join("\n", array_merge(array('【登录】登录成功'), $this->_userActions())), 'text');
        }
        return array(join("\n", $this->_guestActions()), 'text');
    } else {
        if (!$this->_currentStep()) {
            if ($data['Content'] == self::USER_ACTION_INFO) {
                return array(
                    join("\n", array(
                        '用户名:' . session('username'),
                        '密码:' . session('password'),
                        '头像:' . (session('avatar') ? session('avatar') : '未设置')
                    )),
                    'text'
                );
            }
            if ($data['Content'] == self::USER_ACTION_AVATAR) {
```

```php
                $this->_setStep(self::STEP_AVATAR_UPLOAD);
                return array(
                    '【头像】请上传一张头像',
                    'text'
                );
            }
            if ($data['Content'] == self::USER_ACTION_LOGOUT) {
                $this->_logout();
                $this->_resetStep();
                return array(join("\n", array_merge(array('退出登录成功'), $this->_guestActions())), 'text');
            }
        }
        if ($this->_currentStep() == self::STEP_AVATAR_UPLOAD) {
            return array(
                '【头像】操作有误!请上传图片头像',
                'text'
            );
        }
        return array(join("\n", $this->_userActions()), 'text');
    }


    /**
     * 处理图片消息
     * @param array $data
     * @return array
     */
    private function _handleImage(array $data)
    {
        if ($this->_currentStep() != self::STEP_AVATAR_UPLOAD) {
            $messages = array('操作有误');
            if ($this->_isGuest()) {
                $messages = array_merge($messages, $this->_guestActions());
            } else {
                $messages = array_merge($messages, $this->_userActions());
            }
```

```php
            return array(join("\n", $messages), 'text');
        }
        session('avatar', $data['PicUrl']);
        $this->_resetStep();
        return array(join("\n", array_merge(array('【头像】上传成功'), $this->_userActions())), 'text');
    }

    /**
     * 处理事件
     * @param array $data
     * @return array
     */
    private function _handleEvent(array $data)
    {
        if ($data['Event'] == 'subscribe') {
            return array(join("\n", array_merge(array('欢迎关注！'), $this->_guestActions())), 'text');
        }
        if ($data['Event'] == 'CLICK') {
            return $this->_handleMenuClick($data['EventKey']);
        }
        return array('', 'text');
    }

    /**
     * 处理自定义菜单点击
     * @param $key
     * @return array
     */
    private function _handleMenuClick($key)
    {
        switch ($key) {
            case self::MENU_MAIN_3:
                return array('您点击了主菜单3', 'text');
            case self::MENU_MAIN_1_CHILD_1:
                return array('您点击了 主菜单1->子菜单1', 'text');
            case self::MENU_MAIN_2_CHILD_1:
                return array('您点击了 主菜单2->子菜单1', 'text');
```

```php
            default:
                return array('', 'text');
        }
    }


    /**
     * 创建自定义菜单
     */
    public function menu()
    {
        require __DIR__ . '/../../../../vendor/autoload.php';
        $data = array(
            'button' => array(
                array(
                    'type' => 'click',
                    'name' => '主菜单1',
                    'sub_button' => array(
                        array(
                            'type' => 'click',
                            'name' => '子菜单1',
                            'key' => self::MENU_MAIN_1_CHILD_1
                        ),
                        array(
                            'type' => 'view',
                            'name' => '百度一下',
                            'url' => 'https://www.baidu.com'
                        )
                    )
                ),
                array(
                    'type' => 'click',
                    'name' => '主菜单2',
                    'sub_button' => array(
                        array(
                            'type' => 'click',
                            'name' => '子菜单1',
                            'key' => self::MENU_MAIN_2_CHILD_1
                        ),
                        array(
```

```php
                    'type' => 'view',
                    'name' => 'QQ',
                    'url' => 'http://www.qq.com'
                )
            )
        ),
        array(
            'type' => 'click',
            'name' => '主菜单3',
            'key' => self::MENU_MAIN_3
        )
    )
);

    $url = 'https://api.weixin.qq.com/cgi-bin/menu/create?access_token=' . $this->_getAccessToken();

    $resp = Requests::post($url, array(), json_encode($data, JSON_UNESCAPED_UNICODE));
    if ($resp->status_code != 200) {
        return null;
    }
    echo $resp->body;
}

/**
 * 读取 AccessToken
 */
private function _getAccessToken()
{
    $cacheKey = C('WECHAT.APPID') . 'accessToken';
    $data = S($cacheKey);
    if (!empty($data)) {
        return $data;
    }
    require __DIR__ . '/../../../../vendor/autoload.php';
    $url = 'https://api.weixin.qq.com/cgi-bin/token?';
    $params = array(
        'grant_type' => 'client_credential',
```

```
            'appid' => C('WECHAT.APPID'),
            'secret' => C('WECHAT.SECRET')
        );

        $resp = Requests::get($url . http_build_query($params));
        if ($resp->status_code != 200) {
            return null;
        }
        $data = json_decode($resp->body, true);
        if (isset($data['errcode']) && $data['errcode'] != 0) {
            throw new \Exception($data['errmsg'], $data['errcode']);
        }
        S($cacheKey, $data['access_token'], 7000);
        return $data['access_token'];
    }
}
```

### 14.5.8 测试

将代码部署到服务器上之后,打开微信测试公众号的网页,找到"接口配置信息",填写服务器的 API 地址以及 TOKEN(TOKEN 为随机字符串,用来对微信服务器和开发者服务器之间的数据交互做安全验证)。

微信扫描页面下方的二维码(请读者扫描自己的公众号二维码),如图 13-4 所示。

图 13-4

关注之后,如果一切正常,公众号将会回复预期内容,此时,用户可以进行各项功能的回复测试。

## 14.6 自定义菜单开发

### 14.6.1 获取 AccessToken

主动调用微信的接口都需要使用 access_token，而 access_token 每天有调用频率限制，基于此，所以需要使用缓存，本项目是单服务器，直接使用 ThinkPHP 的 S 方法即可，ThinkPHP 默认使用文件缓存保存数据。

通过查阅文档可以获取 access_token 的微信接口地址，以及需要的参数，直接传入即可。首先应该读取缓存中是否有，如果有 access_token，则直接返回；否则请求微信服务器。请求成功，则将 access_token 写入缓存并返回；反之，则报错。代码如下：

```php
/**
 * 读取 AccessToken
 */
private function _getAccessToken()
{
    $cacheKey = C('WECHAT.APPID') . 'accessToken';
    $data = S($cacheKey);
    if (!empty($data)) {
        return $data;
    }
    require __DIR__ . '/../../../../vendor/autoload.php';
    $url = 'https://api.weixin.qq.com/cgi-bin/token?';
    $params = array(
        'grant_type' => 'client_credential',
        'appid' => C('WECHAT.APPID'),
        'secret' => C('WECHAT.SECRET')
    );

    $resp = Requests::get($url . http_build_query($params));
    if ($resp->status_code != 200) {
        return null;
    }
    $data = json_decode($resp->body, true);
    if (isset($data['errcode']) && $data['errcode'] != 0) {
        throw new \Exception($data['errmsg'], $data['errcode']);
    }
```

```
        S($cacheKey, $data['access_token'], 7000);
        return $data['access_token'];
}
```

可以看到 APPID 和 SECRET 使用的是配置文件中配置的，而且缓存的 key 也是基于 appid，所以以后如果更换公众号只需要更改配置文件即可。

### 14.6.2 创建自定义菜单

常用的自定义菜单操作有"链接"和"动作"两种。

当用户点击"链接"时，微信会打开内置浏览器并请求设置的链接地址，同时，微信服务器会推送"VIEW"事件到开发者服务器。

当用户点击"动作"时，微信会将对应的 key 通过事件消息推送给开发者服务器，开发者通过 key 来进行相应处理，并将响应返回。代码如下：

```
/**
 * 创建自定义菜单
 */
public function menu()
{
    require __DIR__ . '/../../../../vendor/autoload.php';
    $data = array(
        'button' => array(
            array(
                'type' => 'click',
                'name' => '主菜单1',
                'sub_button' => array(
                    array(
                        'type' => 'click',
                        'name' => '子菜单1',
                        'key' => self::MENU_MAIN_1_CHILD_1
                    ),
                    array(
                        'type' => 'view',
                        'name' => '百度一下',
                        'url' => 'https://www.baidu.com'
                    )
                )
            ),
```

```php
        array(
            'type' => 'click',
            'name' => '主菜单2',
            'sub_button' => array(
                array(
                    'type' => 'click',
                    'name' => '子菜单1',
                    'key' => self::MENU_MAIN_2_CHILD_1
                ),
                array(
                    'type' => 'view',
                    'name' => 'QQ',
                    'url' => 'http://www.qq.com'
                )
            )
        ),
        array(
            'type' => 'click',
            'name' => '主菜单3',
            'key' => self::MENU_MAIN_3
        )
    )
);

$url = 'https://api.weixin.qq.com/cgi-bin/menu/create?access_token=' . $this->_getAccessToken();

$resp = Requests::post($url, array(), json_encode($data, JSON_UNESCAPED_UNICODE));
if ($resp->status_code != 200) {
    return null;
}
echo $resp->body;
}
```

可以看到该方法为 public，所以该接口外部可访问，请打开浏览器在本地请求"http://localhost/thinkphp-inaction/wechat/home/index/menu"，如果请求成功，请取消关注测试公众号并重新关注测试公众号（因为微信的自定义菜单会有最大 24 小时缓存时间，为了及时生效，重新关注是目前最好的办法）。成功关注后可以看到公众号下方已经有自定义菜单了。如果请求失败，浏览器会直接显示具体的错误信息，各位读者可以参照微信的错误码进行相应处理。

### 14.6.3 响应自定义菜单

当用户点击"动作"类型的菜单项时，微信会推送事件到开发者服务器，这时候我们需要对该事件进行处理，代码如下：

```
/**
 * 处理自定义菜单点击
 * @param $key
 * @return array
 */
private function _handleMenuClick($key)
{
    switch ($key) {
        case self::MENU_MAIN_3:
            return array('您点击了主菜单3', 'text');
        case self::MENU_MAIN_1_CHILD_1:
            return array('您点击了 主菜单1->子菜单1', 'text');
        case self::MENU_MAIN_2_CHILD_1:
            return array('您点击了 主菜单2->子菜单1', 'text');
        default:
            return array('', 'text');
    }
}
```

本项目只体验接口流程，所以并没有实际的业务逻辑，这样便于大家直接理解公众号的功能开发，只有理解完最简单的流程之后，才可以开发更高级的功能，比如结合数据库进行开发等。

## 14.7 项目总结

本项目起到一个抛砖引玉的作用，希望各位读者都能将本章节的内容理解清楚，这样才能在以后的开发中更加顺利。

本章节的逻辑部分代码都在 Application/Home/Controller/IndexController.class.php 中。

项目已托管至 github，地址为：

https://github.com/xialeistudio/thinkphp-inaction/tree/master/wechat

如有任何问题请提交 issues，地址为：

https://github.com/xialeistudio/thinkphp-inaction/issues。

# 结 语

介绍完 ThinkPHP 的知识后，通过使用 ThinkPHP 开发几个实际的项目，目的只有一个"实践是检验真理的唯一标准"，只有实际的项目才能让读者明白 ThinkPHP 的项目开发流程。

如果大家在学习的过程中遇到问题，请提交问题到 github，有时间我将为各位一一解答，让各位读者更好地用好 ThinkPHP 框架。

最后引用 ThinkPHP 框架的一句名言"大道至简，开发由我"！祝各位读者在以后的工作中更加顺利！